ISBN 978-3-662-23006-0   ISBN 978-3-662-24966-6 (eBook)
DOI 10.1007/978-3-662-24966-6

Dieser Katalog enthält eine Übersicht über unsere in den Jahren 1945 bis März 1950 erschienenen Bücher aus dem Gesamtgebiet der Technik. Ausführlichere Einzelprospekte über Sie besonders interessierende Bücher senden wir Ihnen, soweit vorhanden, gern zu.

Spezialkataloge und Prospekte unserer weiteren Verlagsgebiete, vor allem aus der Mathematik, Physik, Chemie usw. stehen Ihnen auf Wunsch zur Verfügung.

Springer-Verlag
Berlin Heidelberg GmbH

Postanschrift für alle Anfragen: Berlin W 35, Reichpietschufer 20 (West-Berlin)

INHALTSÜBERSICHT

I. Grundlegende Wissenschaften

(Mathematik, Physik, Mechanik)

Vorstufe zur theoretischen Physik. Von Dr. *Richard Becker*, o. Professor für Theoretische Physik an der Universität Göttingen. Mit 94 Abbildungen im Text. VII, 172 Seiten. 1950.   DM 7.50

Das Buch will nur eine Vorstufe zum Studium der theoretischen Physik sein. An Hand von einigen speziellen Kapiteln soll der Leser zu dem Erlebnis der Identität von mathematischen und physikalischen Aussagen geführt werden, das die Vorbedingung für ein weiteres erfolgreiches Studium ist.

Inhaltsübersicht: I. Aus der Mechanik: Geradlinige Bewegung eines Massenpunktes. — Ein Massenpunkt im Raum. — Der Übergang zur Elektrostatik. — Mechanik von vielen Massenpunkten. — II. Schwingungen und Wellen: Lineare Schwingungen einer Kette. — Längsschwingungen eines Stabes. — III. Aus der Wärmelehre: Die Wärme als Stoff (Wärmeleitung). — Thermodynamik. — Kinetische Gastheorie. — IV. Mathematische Erinnerungen und Beispiele: Aus der Analysis. — Aus der Vektorrechnung. — Sachverzeichnis.

Konforme Abbildung. Von Dipl.-Ing. Dr. phil. *Albert Betz*, Direktor des Max Planck-Instituts für Strömungsforschung und Professor an der Universität Göttingen. Mit 276 Bildern. VIII, 359 Seiten. 1948.   DM 36.—

Das vorliegende Buch will vor allem den vielen Ingenieuren und Naturwissenschaftlern, welche dieses wichtige mathematische Hilfsmittel für ihre praktischen Aufgaben brauchen, die Grundlagen der konformen Abbildung in einer ihrer Ausbildung angepaßten Form vermitteln. Aus diesem Grunde werden Vorkenntnisse aus der mathematischen Funktionstheorie nicht vorausgesetzt, sondern umgekehrt die Leser an Hand von anschaulichen Beispielen in diese mathematische Disziplin eingeführt, die dann erst später für weitere Aufgaben Verwendung findet. Wenn das Buch demnach nicht eigentlich für Mathematiker geschrieben ist, so dürfte es aber doch auch für diese als Gesamtdarstellung dieses Sondergebietes von Interesse sein und vielleicht gerade wegen der Eigenart der stark auf der geometrischen Anschauung beruhenden Darstellung manche Anregung geben.

Inhaltsübersicht: I. Einführung und einfache Beispiele. — II. Elektrische Stromfelder. — III. Weitere Beispiele und Folgerungen. — IV. Allgemeine Erkenntnisse. — V. Auftreten der konformen Abbildung in anderen Gebieten der Physik. — VI. Zusammenhang der konformen Abbildung mit der Theorie der komplexen Funktionen. — VII. Abbildung durch einfache Funktionen. — VIII. Eine zusammengesetzte Funktion. — IX. Behandlung gegebener Abbildungsaufgaben. — X. Doppelperiodische Felder. — XI. Freie Strahlen. — Übersicht über die wichtigsten behandelten Abbildungen. — Namen- und Sachverzeichnis.

Vorlesungen über Differential- und Integralrechnung. Von *R. Courant*, o. Professor a. d. Universität Göttingen.

E r s t e r   B a n d: **Funktionen einer Veränderlichen.** Z w e i t e, verbesserte Auflage. Mit 126 Textfiguren. Neudruck 1948. XIV, 410 Seiten. 1930.   DM 24.—

Z w e i t e r   B a n d: **Funktionen mehrerer Veränderlicher.** Z w e i t e, verbesserte Auflage. Mit 106 Textfiguren. Neudruck 1948. VIII, 412 Seiten. 1931.   DM 24.—

Das Buch wendet sich an jedermann, der sich auf der Grundlage normaler Schulkenntnisse ernstlich um die Wissenschaft und ihre Anwendungen bemühen will, sei er Student an der Universität oder Technischen Hochschule, sei er Lehrer oder Ingenieur.

Technische Strömungslehre. Von Dr.-Ing. *Bruno Eck.* D r i t t e, verbesserte und erweiterte Auflage. Mit 372 Abbildungen. X, 398 Seiten. 1949.   DM 24.—, Ganzleinen DM 27.—

Dem Aufbau dieses Buches liegen folgende Gesichtspunkte zugrunde: 1. Welches ist die einfachste Form, in der die Hauptgesetze der Strömungslehre abgeleitet und dargestellt werden können? 2. Welche Ergebnisse der theoretischen und experimentellen Forschung sind in erster

[Technische Strömungslehre.]

Linie von praktischem Nutzen? Zur Erreichung dieses Zieles wurden die mathematischen Hilfsmittel auf das unbedingt Notwendige beschränkt (Infinitesimalrechnung), durch zahlreiche Versuchs- und Zahlenbeispiele die Anwendung der Gesetze gezeigt, während Anschauungsmittel der verschiedensten Art zum besseren Verständnis schwieriger Erscheinungen herangezogen wurden.

Inhaltsübersicht: I. Hydrostatik. — II. Bewegungslehre. — III. Einfluß der Reibung bei ablösungsfreien Strömungen. — IV. Das Ablösungsproblem. — V. Bewegung fester Körper in strömenden Medien. — VI. Strömung um Schaufeln und Profile. — VII. Hilfsmittel zur Vermeidung der Ablösung. — VIII. Kavitation. — IX. Gasdynamik. — X. Strömungstechnische Messungen. — Literaturverzeichnis. — Namen- und Sachverzeichnis.

Einführung in den Wärme- und Stoffaustausch. Von Dr.-Ing. habil. *Ernst Eckert.* Mit 125 Abbildungen. VII, 203 Seiten. 1949.   DM 21.—, Ganzleinen DM 24.—

Das vorliegende Buch gibt eine einfache, knappe Einführung in den Wärme- und Stoffaustausch, die jedoch alles Wesentliche aus dem heutigen Stand dieser Lehre mitteilt. Das Hauptgewicht wurde dabei darauf gelegt, das Verständnis für die beim Wärmeaustausch sich abspielenden physikalischen Vorgänge möglichst zu vertiefen. Dies ist allerdings ohne Rechnung nicht zu erreichen. Es wurde deshalb theoretisch ableitbaren Beziehungen stets der Vorzug vor empirischen Gleichungen gegeben, denn die Berechnung bietet den Vorteil, daß man die Grenzen des Rechenergebnisses stets leichter überblicken kann.

Bei der Auswahl des Stoffes wurde weniger Wert darauf gelegt, eine große Zahl der derzeit genauesten Formeln anzugeben, als vielmehr die typischen Formen des Wärmeübergangs so eingehend darzustellen, daß man nach ihnen auch die Verhältnisse bei verwandten Vorgängen abschätzen kann.

Inhaltsübersicht: I. Die Grundbegriffe des Wärmeaustausches. — II. Die Wärmeleitung. — III. Der Wärmeübergang. — A. Grundbegriffe der Strömungslehre. — B. Erzwungene Konvektion in laminarer Strömung. — C. Erzwungene Konvektion in turbulenter Strömung. — D. Freie Konvektion. — E. Kondensation und Verdampfung. — IV. Die Wärmestrahlung. — A. Die Ausstrahlung. — B. Der Strahlungsaustausch. — V. Der Stoffaustausch. — Anhang.

Einführung in die Atomphysik. Von Prof. Dr. *Wolfgang Finkelnburg.* Zweite Auflage.   (In Vorbereitung.)

... Der Verfasser hat es verstanden, dieses ungeheure Gebiet der Physik, das bekanntlich recht eingehende Kenntnisse auf fast sämtlichen Einzelgebieten der klassischen Physik voraussetzt, in so klarer und einfacher, aber doch jede Unexaktheit vermeidender Form darzustellen, daß es auch dem Nichtphysiker ein ebenso anschauliches wie gründliches Verständnis der Atomphysik erschließt und ihm vor allem die inneren Zusammenhänge zwischen den einzelnen Gebieten der Atomphysik vermittelt, die in den Spezialwerken über Quantentheorie, Atom- und Molekülspektren, Kernphysik usw. meist nicht genügend zur Geltung kommen ...

            (Zeitschrift für Naturforschung)

Inhaltsübersicht: Einleitung. — Atome, Ionen, Elektronen, Atomkerne. — Atomspektren und Atombau. — Die quantenmechanische Atomtheorie. — Die Physik der Atomkerne. — Physik der Moleküle. — Der flüssige und feste Zustand der Materie vom Standpunkt der Atomphysik. — Sachverzeichnis.

Der Kreisel. Seine Theorie und seine Anwendungen. Von Dr. *R. Grammel,* o. Professor an der Technischen Hochschule Stuttgart. Zweite, neubearbeitete Auflage. Erster Band: Die Theorie des Kreisels. Mit 137 Abbildungen. Etwa 280 Seiten.

               Etwa DM 24.—

Diese zweite Auflage stellt eine völlige Neubearbeitung dar und ist auf den neuesten Stand der Kreiselforschung gebracht. Das Buch ist entstanden aus Vorlesungen, die der Verfasser an zwei Technischen Hochschulen und an einer Universität gehalten hat. Jene Vorlesungen mußten jeweils ein verschiedenes Gepräge tragen: der Mathematiker und Physiker wird hauptsächlich vom abstrakten Erkenntnistrieb geleitet, der Ingenieur sieht mehr auf die konkrete Nützlichkeit. Der große Reiz des Gegenstandes aber liegt beim Kreisel unzweifelhaft in der Verbindung von Theorie und Praxis; und diese Verknüpfung will das vorliegende Buch möglichst harmonisch abhandeln.

Inhaltsübersicht: Einleitung. — Grundlagen: Grundlagen der Vektorrechnung. — Grundlagen der Mechanik. — Der Trägheitstensor. — Der symmetrische Kreisel: Der kräftefreie symmetrische Kreisel. Die geführte Bewegung des symmetrischen Kreisels. — Der symmetrische Kreisel unter Zwang und Stoß. — Der schwere symmetrische Kreisel. — Der Einfluß der Reibung. — Der unsymmetrische Kreisel: Der kräftefreie unsymmetrische Kreisel. — Der schwere unsymmetrische Kreisel. — Besondere Probleme: Kreisel im erweiterten Sinne. Gyroskopische Systeme. — Darstellung der Kreiselbewegungen durch Thetafunktionen.

Zweiter Band: Die Anwendungen des Kreisels.   (In Vorbereitung.)

Die Grundlehren der mathematischen Wissenschaften in Einzeldarstellungen mit besonderer Berücksichtigung der Anwendungsgebiete. Herausgegeben von *W. Blaschke* / *R. Grammel* / *E. Hopf* / *F. K. Schmidt* / *B. L. van der Waerden.*

Band II: Theorie und Anwendung der unendlichen Reihen. Von Dr. *Konrad Knopp,* o. Professor der Mathematik an der Universität Tübingen. Vierte Auflage. Mit 14 Textfiguren. XII, 583 Seiten. 1947. DM 39.60

Band IV: Die mathematischen Hilfsmittel des Physikers. Von Dr. *Erwin Madelung,* o. Prof. der theoretischen Physik a. d. Universität Frankfurt am Main. Vierte, vermehrte und verbesserte Auflage. Mit 29 Abbildungen. XX, 531 Seiten. 1950.
DM 47.—, Ganzleinen DM 49.70

Band XXVII: Grundzüge der theoretischen Logik. Von *D. Hilbert †* und *W. Ackermann,* Lüdenscheid. Dritte, verbesserte Auflage. VIII, 155 Seiten. 1949.
DM 16.50, Ganzleinen DM 19.80

Band XXXIII: Moderne Algebra. I. Teil. Von Dr. *B. L. van der Waerden,* Professor der Mathematik an der Universität Amsterdam. Dritte Auflage. (In Vorbereitung.)

Band XLIX: Geometrie der Gewebe. Topologische Fragen der Differentialgeometrie. Von *Wilhelm Blaschke* und *Gerrit Bol.* Mit 137 Figuren. VIII, 332 Seiten. 1938.
DM 28.50, Gebunden DM 29.70

Band LII: Formeln und Sätze für die speziellen Funktionen der mathematischen Physik. Von Dr. *Wilhelm Magnus,* Professor der Mathematik an der Universität Göttingen, und Dr. *Fritz Oberhettinger,* Dozent für Mathematik an der Universität Mainz. Zweite Auflage. VIII, 230 Seiten. 1948. DM 24.60

Band LIII: Rechenmethoden der Quantentheorie dargestellt in Aufgaben und Lösungen. 1. Teil: Elementare Quantenmechanik. Von Dr. *Siegfried Flügge,* o. Professor an der Universität Marburg, unter Mitarbeit von Dr. *Hans Marschall,* Marburg. Mit 18 Abbildungen. X, 240 Seiten. 1947. DM 18.—

Band LV: Anwendung der elliptischen Funktionen in Physik und Technik. Von Dr. *Fritz Oberhettinger,* Dozent für Mathematik an der Universität Mainz, und Dr. *Wilhelm Magnus,* Professor der Mathematik an der Universität Göttingen. Mit 54 Abbildungen. VII, 126 Seiten. 1949. DM 15.60, Ganzleinen DM 18.30

Band LVI: Die Entwicklung der Infinitesimalrechnung. Eine Einleitung in die Infinitesimalrechnung nach der genetischen Methode. Von *Otto Toeplitz.* Erster Band. Aus dem Nachlaß herausgegeben von Dr. *Gottfried Köthe,* Professor der Mathematik an der Universität Mainz. Mit 148 Abbildungen. IX. 181 Seiten. 1949.
DM 19.60, Ganzleinen DM 22.60

Band LVII: Theoretische Mechanik. Eine einheitliche Einführung in die gesamte Mechanik. Von Dr. phil. *Georg Hamel,* o. Professor an der Technischen Universität Berlin-Charlottenburg, o. Mitglied der Deutschen Akademie der Wissenschaften. Mit 161 Abbildungen. XVI, 796 Seiten. 1949. DM 63.—, Ganzleinen DM 66.—

Band LVIII: Einführung in die Differentialgeometrie. Von Dr. *Wilhelm Blaschke,* Professor an der Universität Hamburg. Mit 57 Abbildungen. VIII, 146 Seiten. 1950.
DM 16.—, Ganzleinen DM 18.60

Band LIX: Vorlesungen über Zahlentheorie. Von Professor *H. Hasse,* Berlin.
(In Vorbereitung.)

Band LX: Mathematische Grundlagen der höheren Geodäsie und Kartographie. Von Professor Dr. *R. König*-Heidenheim und Professor Dr. *K. Weise,* Kiel. (In Vorbereitung.)

Band LXI: Fastperiodische Funktionen. Von Dozent Dr. *W. Maak.* (In Vorbereitung.)

Band LXII: Numerische Auflösung von Differentialgleichungen. Von Professor Dr. *L. Collatz,* Hannover. (In Vorbereitung.)

Integralgleichungen. Einführung in Lehre und Gebrauch. Von Dr. phil. *Georg Hamel,* o. Professor an der Technischen Universität Berlin. Zweite, berichtigte Auflage. Mit 19 Abbildungen im Text. VIII, 166 Seiten. 1949. DM 15.60

[Integralgleichungen.]

Inhaltsübersicht: I. Was ist eine Integralgleichung? Ergebnisse der mathematischen Theorie, insbesondere bei den linearen Integralgleichungen zweiter Art mit symmetrischem Kern: 1. Einleitende Bemerkungen. 2. Einfachste Schwingungsaufgaben führen auf eine lineare Integralgleichung mit symmetrischem Kern. 3. Zusammenhang mit den gewöhnlichen Differentialgleichungen erster und zweiter Ordnung. 4. Der elementare Teil der Theorie. 5. Die Beziehungen der Integralgleichungen zu den partiellen Differentialgleichungen der Physik und andere physikalische Anwendungen. 6. Durchführung der Theorie für die symmetrischen Kerne. — II. Weitergehende Ausführungen: 1. Die lineare Integralgleichung erster Art. 2. Ausgeartete unsymmetrische Integralgleichungen zweiter Art. 3. Die *Fredholm*sche Theorie. 4. Das Verfahren von *Enskog*. 5. *E. Schmidts* Theorie der unsymmetrischen Kerne. 6. Quellenmäßige Darstellbarkeit und Entwickelbarkeit. 7. Die polare Integralgleichung. 8. *Hilberts* erster Weg über ein algebraisches Problem zur Lösung linearer Integralgleichungen. 9. Die Methode der unendlich vielen Variablen. Der *Hilbert*sche Raum. 10. Unendlich viele lineare Gleichungen mit unendlich vielen Unbekannten. 11. Die *Mathieu*sche Gleichung. 12. *Abels* Integralgleichung. 13. Singuläre Kerne. Beispiele. 14a. Eine Integralgleichung aus der Theorie der Tragflügel. 14b. Die Integralgleichung von *L. Föppl*. (Härteproblem von *Hertz*.) 15. Einige weitere Orthogonalsysteme und ihre Kerne. 16. Das Schwingungsproblem von *Duffing*. 17. Nichtlineare Integralgleichungen. — Namen und Sachverzeichnis.

Kurvenintegrale und Begründung der Funktionentheorie. Von Dr. *Lothar Heffter*, Professor an der Universität Freiburg i. Br. Mit 7 Textfiguren. IV, 48 Seiten. 1948.
DM 5.40

Inhaltsübersicht: I. Vorkenntnisse aus der Theorie der realen Funktionen. — II. Stetige rektifizierbare ebene Kurven. — III. Das Kurvenintegral. — IV. Kurvenintegral und *Stieltjes*-Integral. — V. Der reelle *Cauchy*sche Integralsatz. — VI. Funktionen einer komplexen Veränderlichen. — VII. Angaben über Originalliteratur mit erläuternden Bemerkungen.

Analytische Geometrie für Studierende der Technik und zum Selbststudium. Von Prof. *Adolf Hess* (Winterthur). Sechste Auflage. Mit 105 Textabbildungen. VI, 124 Seiten. 1948.
DM 4.80

Planimetrie. Mit einem Abriß über die Kegelschnitte. Von Prof. *Adolf Hess* (Winterthur). Ein Lehr- und Übungsbuch zum Gebrauche an technischen Mittelschulen. Zehnte Auflage. Mit 206 Abbildungen. IV, 145 Seiten. 1948.
DM 4.80

Trigonometrie für Maschinenbauer und Elektrotechniker. Von Prof. *Adolf Hess* (Winterthur). Dreizehnte Auflage. Mit 120 Abbildungen. VI, 130 Seiten. 1948. DM 4.80

Einführung in die Technische Mechanik. Nach Vorlesungen von Dr.-Ing. habil. *Walther Kaufmann*, o. Professor der Mechanik an der Technischen Hochschule zu München.
Erster Band: Statik starrer Körper. Mit 194 Abbildungen. VI, 166 Seiten. 1949.
DM 15.—

Das Gesamtwerk soll in vier Bände aufgeteilt werden, von denen jeder den Stoff eines Semesters enthält, und zwar in der üblichen Reihenfolge: 1. Statik starrer Körper, 2. Festigkeitslehre, 3. Dynamik, 4. Hydromechanik.

Die jetzt mit dem ersten Band erscheinende „Einführung in die Technische Mechanik" behandelt im wesentlichen die Mechanik-Unterstufe, wie sie in München für Maschinen-, Elektro- und Bauingenieure sowie für Technische Physiker bis zur Diplomvorprüfung gelesen wird.

Nach einem einführenden Abschnitt über die Grundbegriffe der Mechanik werden behandelt: Die Zusammensetzung und Zerlegung der Kräfte in der Ebene und im Raume, Fragen des Gleichgewichts einer Kräftegruppe, die Lehre vom Schwerpunkt, das Gleichgewicht gestützter ebener und räumlicher Körper und Körpersysteme, die „trockene" Reibung und, in einem Schlußkapitel, als fundamentaler Satz der Statik: Das Prinzip der virtuellen Verrückungen. Alle theoretischen Ableitungen und Betrachtungen sind durch zahlreiche Anwendungsbeispiele ergänzt, die im allgemeinen bis zu den Endlösungen durchgeführt sind.

Inhaltsübersicht: I. Grundbegriffe der Mechanik. — II. Kräftegruppen am Massenpunkt und am starren Körper. — III. Der Schwerpunkt. — IV. Gleichgewicht gestützter Körper. — V. Die Reibung. — VI. Mechanische Arbeit einer Kraft und das Prinzip der virtuellen Verrückungen.

Technische Schwingungslehre. Von Dr.-Ing. *Karl Klotter*. Erster Band. Einfache Schwinger und Schwingungsmeßgeräte. Zweite, umgearbeitete und ergänzte Auflage der Einführung. Mit etwa 380 Abbildungen, etwa 300 Seiten. 1950.
(In Vorbereitung.)

Der zweite Band, der dem ersten bald folgen wird, handelt von den Systemen mit mehreren aber endlich vielen Freiheitsgraden. Der sich später anschließende dritte Band wird die Systeme von unendlich vielen Freiheitsgraden, die kontinuierlichen Schwinger, mit ihren besonderen Fragestellungen und Methoden umfassen.

VDI-Wasserdampftafeln. Mit einem Mollier (i,s)-Diagramm (WE = 1 mm, mit roten Volumenlinien) auf einer besonderen Tafel. Herausgegeben vom Verein Deutscher Ingenieure und in dessen Auftrag bearbeitet von Dr.-Ing. *We. Koch*, Berlin. Zweite Auflage. Drei Zahlentafeln (DIN A 4). 64 Seiten. 1950. (In Vorbereitung.)

Gesondert ungefaltet:
Mollier(i,s)-Diagramm (1 WE = 1 mm) mit roten Volumenlinien.
(In Vorbereitung.)

Theorie der Supraleitung. Von Dr. *M. von Laue*, Professor an der Universität Göttingen. Zweite Auflage. Mit 37 Textabbildungen. III, 115 Seiten. 1949. DM 16.40

Die jahrelangen Bemühungen *von Laues*, die *London*sche Theorie der Supraleitung in einer in sich widerspruchslosen phänomenologischen Theorie zu erweitern, haben so schöne Erfolge gezeitigt, daß er jetzt eine Fülle von Ergebnissen in Form einer Monographie vorlegen kann. Nur ein verhältnismäßig kleiner Teil ihres Inhaltes ist den an der Supraleitung interessierten Kreisen aus Veröffentlichungen *von Laues* in den letzten Jahren bekannt geworden, alles andere hat er erst in jüngster Zeit erarbeitet. Um so erfreulicher ist es und es verschafft uns einen besonderen ästhetischen Genuß, daß wir sogleich die geschlossene Theorie in einheitlicher und eleganter Darstellung vorgeführt bekommen ...
Die vorliegende Monographie wird viele Physiker und Mathematiker dazu reizen, sich mit der Supraleitung zu befassen und wird allen schon auf diesem Gebiet Arbeitenden eine Fülle neuer Anregungen geben. (Zeitschrift für Naturforschung)

Inhaltsübersicht: Einleitung — Die grundlegenden Tatsachen. — Die Stromverteilung zwischen parallel geschalteten Supraleitern. — Die Grundgleichungen der *Maxwell-London*schen Theorie. — Raumladungen im kubischen Supraleiter. — Die Erhaltung der Energie. — Die Telegraphengleichungen für kubische Supraleiter. — Stationäre Felder. — Der stromdurchflossene Draht. — Der stromdurchflossene Hohlzylinder. — Der Zylinder im homogenen Magnetfeld. — Die Kugel im homogenen Magnetfeld. — Dauerströme. — Die *Maxwell-London*schen Spannungen. — Das elektrodynamische Potential. — Elektrische Wellen in kubischen Supraleitern. — Der Hochfrequenzwiderstand der Supraleiter. — Die Thermodynamik des Übergangs vom Normal- zum Supraleiter. — Der Grenzwert der magnetischen Feldstärke für „dünne" Supraleiter. — Der Zwischenzustand. — Eine nicht-lineare Erweiterung der Theorie (Zusatz bei der Korrektur). — Mathematischer Anhang (Beweis der Gleichung [14.8]). — Namen- und Sachverzeichnis.

Determinanten und Matrizen. Von Dr. *Fritz Neiss*, Professor an der Universität Berlin. Dritte, verbesserte Auflage. Mit 1 Abbildung. VII, 111 Seiten. 1948. DM 6.—

Das Buch enthält die wichtigsten Sätze aus der Theorie der Determinanten, das Rechnen mit Matrizen und die Behandlung linearer Gleichungen.
Das Buch wird den Studierenden den Übergang von der Schule zur Hochschule erleichtern und kann neben der Vorlesung oder zum Selbststudium gebraucht werden. Besondere Vorkenntnisse werden nicht vorausgesetzt. Gedankengänge, die dem Anfänger neu sind, werden ausführlich erläutert. Dagegen geben zahlreiche Beispiele und Aufgaben Gelegenheit zu selbständiger Arbeit. Die Anwendungen zeigen die Bedeutung der allgemeinen Theorie für die analytische und projektive Geometrie, besonderer Wert ist darauf gelegt, die Grundlagen für das Rechnen mit Vektoren zu schaffen.

Inhaltsübersicht: I. Allgemeine Vorbemerkungen. — II. Kombinatorik. — III. Determination. — IV. Matrizen. — V. Systeme linearer Gleichungen. — VI. Orthogonalisierung. — VII. Quadratische Formen. — Sachverzeichnis.

Analytische Geometrie. Von Dr. *Fritz Neiss*, Professor an der Universität Berlin. Mit 64 Abbildungen. Etwa 128 Seiten. (In Vorbereitung.)

Normungszahlen. Von Professor Dr.-Ing. *O. Kienzle*, Hannover. (Schriftenreihe: „Wissenschaftliche Normung." 2. Heft.) Mit 149 Abbildungen und 79 Zahlentafeln. XII, 339 Seiten. 1950. Etwa DM 26.—, Ganzleinen DM 28.50

Ein Buch, ohne das kein Konstrukteur, kein Betriebsmann, kein Normeningenieur im Sinne einer systematischen Festlegung von Bandelementen, Geräten, Maschinen und Fertigungsmitteln arbeiten kann, zugleich ein Buch der Normenmethodik.

Inhaltsübersicht: 1. Allgemeine Grundlagen für Zahlenreihen. — Die Normungszahlen nach DIN 323: Reihen. — Bequemes Rechnen. — Abwandlungen. — Graphische Rechentafeln. — Konstruktion von Gegenstandsreihen. — 3. Anwendung auf Grundnormen: Abmessungen. — Maßstäbe. — Leistungen. — Gewichte. — Versuchswesen. — Toleranzen. — 4. Anwendung im Maschinenbau: Bauteile. — Getriebe. — Hydraulik. — Typnormen. — Kolbenmaschinen und Werkzeugmaschinen. — Werkzeuge. — 5. Verschiedene Anwendungen u. a. Papier und Schriftwesen.

Landolt-Börnstein, Zahlenwerte und Funktionen aus Physik, Chemie, Astronomie, Geophysik, Technik. Sechste Auflage der „Physikalisch-chemischen Tabellen". In Gemeinschaft mit *J. Bartels, P. ten Bruggencate, K. H. Hellwege, E. Schmidt* und unter vorbereitender Mitwirkung von *J. D'Ans, G. Joos, W. A. Roth.* Herausgegeben von *Arnold Eucken.* In vier Bänden. (Erster Band in vier Teilbänden.) Jeder Band und jeder Teilband ist einzeln käuflich.

Erster Band: **Atom- und Molekularphysik.** 1. Teil: Atome und Ionen. Bearbeitet von: *E. v. Angerer, L. Biermann, U. Cappeller, E. Döring, E. U. Frank, R. Glocker, W. Hanle, G. Joos, F. Kirchner, W. Klemm, A. Saur, E. Saur, U. Stille, H. Stuart, E. Wicke.* Vorbereitet von *Georg Joos.* Herausgegeben von *Arnold Eucken* in Gemeinschaft mit *K. H. Hellwege.* Mit zahlreichen Abbildungen. Etwa 450 Seiten. 4°

In Moleskin gebunden DM 126.—

Inhaltsübersicht: Vorwort zur Neuauflage des „Landolt-Börnstein". — Zum Gebrauch der Tabellen: Abkürzungsverzeichnis der Zeitschriften. — Anordnung der Verbindungen. — Atomgewichte. — Maßsysteme. — Umrechnungstafel von eV in v/c und de Broglie-Wellenlänge für die wichtigsten Elementarteilchen. — Grundkonstanten der Physik. — Atome und Ionen: Atomspektren: Wellenlängen-Normalen. — Optische Spektren, Terme und wichtigste Spektrallinien. — Elektronen-Affinitäten; Ionisierungsspannungen der Elemente. — Röntgenspektren, Energieterme und wichtigste Spektrallinien. — Zeeman-Effekt. — Stark-Effekt. — Druckverbreiterung und Druckverschiebung von Spektrallinien. — Oszillatorenstärken und Lebensdauern angeregter Zustände. — Elektronenhülleneigenschaften der Atome: Ladungsverteilung in Atomen und Ionen. — Streuung von Röntgenstrahlen. — Absorption von Röntgenstrahlen. — Querschnitte von Atomen, Ionen und Molekeln. — Magnetische Momente von Atomen und Atom-Ionen. — Diamagnetische Polarisierbarkeit von Atomen und Ionen. — Elektrische Polarisierbarkeit von Atomen und Ionen. — Faraday-Effekt. — Die weiteren Bände werden folgende Gebiete behandeln: I. Band: 2. Teil: Molekeln, Molekel-Ionen und Radikale. Etwa 800—950 Seiten. Erscheint im Sommer 1950. — 3. Teil: Kristalle. Etwa 320 Seiten. Erscheint Anfang 1951. — 4. Teil: Atomkerne. Etwa 400 Seiten. Erscheint im Sommer 1950. — II. Band: Makrophysik und Chemie. In Vorbereitung. — III. Band: Astronomie und Geophysik. Etwa 400 Seiten. Erscheint Herbst 1950. — IV. Band: Technik. (Erster Teil erscheint voraussichtlich Ende 1950.) Drei Teile.

Kein Physiker, Chemiker oder Ingenieur kommt gegenwärtig ohne ein Nachschlagewerk aus, indem die exakt durch Zahlenwerte angebbaren Ergebnisse der bisherigen Forschung übersichtlich zusammengestellt sind. Nur wenige von ihnen können sich mit den relativ kurzen Tabellenwerken begnügen, die eine gedrängte Auswahl aus dem Gesamtmaterial bringen. Die meisten Forscher und Praktiker sind auf ein ausführliches Werk angewiesen, das im Prinzip das gesamte in der Weltliteratur veröffentlichte Zahlenmaterial berücksichtigt, und in dem man auch die Zitate der Originalarbeiten findet, so daß man sich über den Ursprung eines jeden Zahlenwertes unterrichten und seine Zuverlässigkeit von Fall zu Fall kritisch nachprüfen kann.

Die von *H. Landolt* und *R. Börnstein* herausgegebenen „Physikalisch-chemischen Tabellen" sind das erste Werk, das diese Forderung erfüllte.

Die jetzt erscheinende sechste Auflage bedurfte im Hinblick auf die anschwellende Originalliteratur und mit Rücksicht auf die stetig steigenden Anforderungen, die an ein derartiges Werk gestellt werden, einer durchgreifenden Neugestaltung, was u. a. auch unmittelbar durch die Titeländerung zum Ausdruck kommt. Neu geschaffen wurde beispielsweise ein besonderer Band, der die wichtigsten astronomischen und geophysikalischen Zahlenwerte und Funktionen enthält, sowie ein solcher, der speziell den Bedürfnissen der praktisch tätigen Physiker, Chemiker und Ingenieure gerecht wird.

Integraltafeln. Sammlung unbestimmter Integrale elementarer Funktionen. Von Dr.-Ing. *W. Meyer zur Capellen,* Aachen. Etwa 300 Seiten. 1950.   Etwa DM 36.—

Inhaltsübersicht: Vorbemerkungen. — Integrale algebraischer Funktionen. — Integrale transzendenter Funktionen. — Produkte algebraischer und transzendenter Funktionen. — Produkte transzendenter Funktionen untereinander. — Zusammenstellung einiger wichtiger Konstanten, Reihen und Funktionen. — Schrifttum.

Für die Auswahl der gebrachten Integrale — es dürften rund 3000 sein — war es maßgebend, daß der Benutzer einerseits fertige Integrale findet, andererseits auch Rekursions- oder Hilfsformeln, mit denen er weiterarbeiten kann. Solche Formeln wurden aber trotzdem für einzelne Sonderfälle ausgewertet, damit der Benutzer die Anwendung kennen lernt.

Einteilung und Aufbau erfolgten ausschließlich aus dem Gesichtspunkt des praktischen Gebrauches; d. h. der Benutzer, auch wenn er mathematisch nicht sehr geschult ist, soll möglichst schnell das gesuchte Integral finden. Daher wurde, wie die Überschriften und das Inhaltsverzeichnis zeigen, sehr weitgehend unterteilt, und zwar so, daß die Überschrift einen Hinweis auf den Ort des Integrals gibt. — Zum Differenzieren kann die Tafel ebenfalls benutzt werden; die Formeln sind dann nur von rechts nach links zu lesen.

[Integraltafeln.]
Das kurze Schrifttumsverzeichnis enthält die wichtigste benutzte und die im Hauptteil angezogene Literatur.

Technische Physik in Einzeldarstellungen. Herausgegeben von *W. Meissner.*
Sechster Band: Hochstromkohlebogen. Physik und Technik einer Hochtemperatur-Bogenentladung. Von Prof. Dr. *Wolfgang Finkelnburg.* Mit 132 Abbildungen. VIII, 221 Seiten. 1948. DM 22.50

Inhaltsübersicht: Einleitung. — Überblick über Eigenschaften und Mechanismus des Niederstromkohlebogens. — Allgemeine Eigenschaften und Betriebsbedingungen des Hochstromkohlebogens. — Die physikalischen Eigenschaften des Hochstromkohlebogens: Elektrische Eigenschaften. Die Strahlung des Hochstromkohlebogens. Die Temperaturen im Hochstromkohlebogen. Sonstige Eigenschaften des Hochstromkohlebogens. — Bogenmechanismus und Theorie des Hochstromkohlebogens. Die technischen Anwendungen des Hochstromkohlebogens. — Literaturverzeichnis. — Sachverzeichnis.

Siebenter Band: Grundlagen der Höchstfrequenztechnik. Von Prof. Dr.-Ing. *F. W. Gundlach,* Darmstadt. Mit etwa 189 Textabbildungen. Etwa 480 Seiten.
(In Vorbereitung.)

Achter Band: Wärmeaustausch im Gegenstrom, Gleichstrom und Kreuzstrom. Von Prof. Dr.-Ing. *H. Hausen,* Hannover. Mit 230 Textabbildungen. Etwa 480 Seiten.
Etwa DM 60.—

Inhaltsübersicht: Einleitung. — Wärmeübergang und Druckabfall in Rohren und Kanälen. — Wärmeübergang durch Wärmeleitung und Konvektion. — Einfluß der Wärmestrahlung auf den Wärmegang. — Druckverlust beim Strömen durch Rohre und Kanäle. — Rekuperatoren. — Temperaturverlauf und Wärmeaustausch bei Gleichstrom und Gegenstrom. — Bemessung und Gestaltung der im Gleichstrom und Gegenstrom arbeitenden Rekuperatoren. — Wärme- und Kälteverluste von Rekuperatoren. — Im Kreuzstrom betriebene Rekuperatoren. — Rekuperatoren mit mehreren Durchgängen. — Regeneratoren. —Übersicht über die Theorie der Regeneratoren. — Berechnung des Temperaturverlaufs und des Wärmeaustausches in Gegenstromregeneratoren aus den zeitlichen Temperaturänderungen in einem Steinquerschnitt. — Exakte Berechnung des vollständigen Temperaturverlaufs bis zu den Regeneratorenden bei sehr gut leitender Speichermasse. — Die Berechnungsverfahren von Nusselt, Schmeidler, Ackermann und Lowan. — Näherungsverfahren zur Berechnung des Temperaturverlaufs in Regeneratoren bei sehr gut leitender Speichermasse. — Feuchte Regeneratoren bei tiefen Temperaturen. — Wärmeübergangszahl und Druckverlust in Regeneratoren. — Sachverzeichnis.

Im vorliegenden Buch werden die Gesetze der Wärmeübertragung zwischen Stoffen, die sich im Gleichstrom, Gegenstrom oder Kreuzstrom bewegen, vom streng physikalischen Standpunkt aus so behandelt, daß sie auch dem Praktiker mit hinreichend mathematisch-physikalischen Kenntnissen verständlich erscheinen. Den Ausgangspunkt bilden die Ergebnisse der Forschung über den Wärmeübergang und Druckabfall in Rohrleitungen und Kanälen. Die Hauptaufgabe des Buches besteht darin, alle wichtigeren Theorien, die bisher über Wärmeaustauscher entwickelt worden sind, zusammenfassend und einheitlich darzustellen. Am Schlusse jeder Erörterung soll gezeigt werden, wie man die selbst aus verwickelten Theorien sich ergebenden Berechnungsverfahren fast immer verhältnismäßig einfach und rasch anwenden kann.

Neunter Band: Kleinste Drucke, ihre Erzeugung und Messung. Von Dr. *Rudolf Jaeckel,* apl. Professor der Physik an der Universität Bonn und Leiter der Hochvakuumabteilung der Firma E. Leybolds Nachf., Köln-Bayental, unter Mitarbeit von Dr. *Helmut Schwarz* und Dr. *Elisabeth Schüller.* Mit 301 Textabbildungen. X, 302 Seiten.
DM 39.60

Inhaltsübersicht: Kinetische Gastheorie. — Gleichgewichtszustände. Zahl der Stöße auf die Wand. — Druckformel. — Geschwindigkeitsverteilung und Geschwindigkeitswerte. — Mittlere freie Weglänge. Transporterscheinungen. Innere Reibung. — Gasströmungen durch Röhren und Öffnungen. — Wärmeleitung. — Diffusion. — Vakuummeßinstrumente. — Federelastische Druckmessung. — Flüssigkeitsmanometer, insbesondere U-Rohrmanometer. — Kompressionsmanometer. — Wärmeleitungsmanometer. — Reibungsmanometer. — Vakuummessung durch thermischen Molekulardruck. — Ionisationsmanometer. — Vakuumanzeige durch Entladungserscheinungen. — Leckmesser. — Pumpen. — Allgemeine Übersicht. Sauggeschwindigkeit, Endvakuum, Vorvakuum. — Methoden zur Förderleistungs- bzw. Sauggeschwindigkeitsmessung. Mechanische Pumpen. Kolbenpumpen. — Vielschieberpumpen. — Rotierende Ölluftpumpen. Molekularluftpumpen. Grundsätzliche Wirkungsweise. — Technische Formen von Molekularluftpumpen. — Sauggeschwindigkeit und Vorvakuumbeständigkeit von Molekularlutpumpen. — Dampfstrahl- und Diffusionspumpen. Grundsätzliche Betrachtungen. — Einige Einzelheiten aus der technischen Thermodynamik. — Thermodynamik der Düsenvorgänge. — Theorie der Dampfstrahlpumpen. — Theorie der Diffusionspumpe. — Technische Formen von Pumpen (Diffusions- und Dampfstrahlpumpen. — Quecksilberdampfpumpen. — Technische Formen von Öldampfpumpen. — Bemessung von Diffusionspumpen und Auswahl geeigneter Vorvakuumpumpen. — Wirkungsgrad der Diffusionspumpen. — Erzeugung, Erhöhung und Aufrechterhaltung des Vakuums ohne Pumpen. — Entgaser, Ausheizen oder Desorption.

[Technische Physik in Einzeldarstellungen.]

Adsorption und Absorption von Gasen durch feste Stoffe bei niedrigen Drucken. — Dampffallen. — Vakuumverbindungen und -leitungen. — Flansche. — Schliffe. — Feste Verbindungen. — Hähne. Ventile. — Berechnung der Strömungswiderstände von Leitungen. — Vakuumzubehör. — Baustoff für Hochvakuumapparaturen. — Fette. — Wachse, Kitte und Lacke. — Anhang: Tabellen und Monogramme von allgemeiner Bedeutung. — Sachregister.

Im Hinblick auf die in stürmischer Entwicklung befindliche Anwendung der Hochvakuumtechnik in Wissenschaft und Industrie nicht nur in Deutschland sondern besonders auch in den USA dürfte die Darstellung ihrer physikalisch-technischen Grundlagen durch den Verfasser nicht nur für Physiker sondern auch für den auf den Nachbargebieten Arbeitenden (Chemiker, Pharmazeuten, Mediziner, Ingenieure usw.) gerade jetzt von akutem Interesse sein. Der Verfasser hat als Leiter der Entwicklungsabteilung einer auf dem Gebiet der Hochvakuumtechnik führenden Spezialfirma und als letzter Mitarbeiter Gaedes besonders enge Berührung mit allen im Vordergrunde des Interesses stehenden Problemen.

Zehnter Band: Die elektromagnetische Schirmung in der Fernmelde- und Hochfrequenztechnik. Von Dr. phil. *Heinrich Kaden*, Oberingenieur der Siemens & Halske A.G. Mit 145 Textabbildungen. VIII, 274 Seiten.   DM 38.—

Inhaltsübersicht: Erster Teil: Schirmung gegen Störfelder. Einleitung: Maxwellsche Differentialgleichungen und Randbedingungen; äquivalente Leitschichtdicke. — Geschlossene Schirme mit homogenen Wänden. Schirme im äußeren magnetischen Störfeld. Schirme mit innerer magnetischer Felderregung. Mehrschichtige Schirme aus verschiedenen Metallen. Schirmmatrizen mit Anwendung auf beliebig dicke magnetostatische Schirme. — Zusammengesetzte metallische Hüllen mit Fugen. Einleitung. Zylindrische Hülle aus axialen Bändern. Zylindrische Hülle aus ringförmigen Stücken. Kugelförmige Hülle aus zwei Halbschalen. Anhang: Beweis der Gleichung (330). Zusammenfassung. — Schirme mit Spalten. Das magnetische Wechselfeld in der Umgebung von Hochfrequenzleitern. Anwendung auf den Durchgriff des elektrischen und magnetischen Feldes durch Schirme mit Spalten. Anhang. Zusammenfassung. — Der Durchgriff des elektrischen und magnetischen Feldes durch Löcher und der Umgriff um den Rand offener Schirme. Der Durchgriff des Feldes durch ein Kreisloch. Umgriff des Feldes um eine dünne Kreisplatte. Anhang: Beweis für die Lösung der unendlichen Gleichungssysteme (472) und (497). — Gitterschirme. Magnetisches Feld. Das elektrische Feld. — Zweiter Teil: Schirmung gegen Störströme. Einleitung: Allgemeine Definition des Kopplungswiderstandes. Der Kopplungswiderstand spezieller Leiterkonstruktionen. Das Nebensprechen zwischen koaxialen Leitungen. Das Nebensprechen zwischen einer verdrallten und einer koaxialen Leitung. Das Nebensprechen zwischen verdrallten Leitungen mit Zwischenschirm. — Dritter Teil: Anhang. Die wichtigsten Eigenschaften der Zylinder- und Kugelfunktionen. Erklärung der Formelzeichen. Literatur- und Sachverzeichnis.

Ein aus der Forderung nach Wirtschaftlichkeit geborener Grundsatz in der Technik ist der, eine verlangte Wirkung mit möglichst geringem Aufwand zu erzielen. Zur Verwirklichung dieses Prinzips muß sich die Technik der Methoden und Ergebnisse der exakten Naturwissenschaften und der Mathematik bedienen. Je mehr die wissenschaftlich arbeitenden Ingenieure hiervon beherrschen, um so wirtschaftlicher und exakter werden sie ihre technischen Aufgaben lösen können.

Einführung in die Physik. Von *Robert Wichard Pohl*, o. ö. Professor der Physik an der Universität Göttingen.

Erster Band: Einführung in die Mechanik, Akustik und Wärmelehre. Zehnte und elfte verbesserte und ergänzte Auflage. Mit 547 Abbildungen, darunter 8 entlehnten. VIII, 356 Seiten. 1947.   DM 21.—

Inhaltsübersicht: A. Mechanik: Einführung. — Längen- und Zeitmessung. — Darstellung von Bewegung. Kinematik. — Grundlagen der Dynamik. — Einfache Schwingungen, Zentralbewegungen und Gravitation. — Hilfsbegriffe. — Arbeit, Energie, Impuls. — Drehbewegungen fester Körper. — Beschleunigte Bezugssysteme. — Einige Eigenschaften fester Körper. — Über ruhende Flüssigkeiten und Gase. — Bewegungen in Flüssigkeiten und Gasen. — B. Akustik: Schwingungslehre. Wellen und Strahlung. C. Wärmelehre: Grundbegriffe. 1. Hauptsatz und Zustandsgleichung. — Wärme als ungeordnete Bewegung. — Transportvorgänge, insbesondere Diffusion und Wärmeleitung. — Zustandsänderung von Gasen und Dämpfen. — Die Zustandsgröße Entropie. — Umwandlung von Wärme in Arbeit. — 2. Hauptsatz. Anhang. — Sachverzeichnis. — Tafeln.

Zweiter Band: Einführung in die Elektrizitätslehre. Dreizehnte und vierzehnte Auflage. Mit 497 Abbildungen, darunter 20 entlehnten. IV, 302 Seiten. 1949.   DM 18.60

Inhaltsübersicht: Meßinstrumente für Strom und Spannung. — Kräfte im elektrischen Feld. — Kapazitive Stromquellen und einige Anwendungen elektrischer Felder. Materie im elektrischen Feld. — Das magnetische Feld. — Verknüpfung elektrischer und magnetischer Felder. — Kräfte in magnetischen Feldern. —

[Einführung in die Physik.]

Materie im Magnetfeld. — Anwendung der Induktion, insbesondere induktive Stromquellen und Elektromotoren. — Trägheit des Magnetfeldes und Wechselströme. — Mechanismus der Leitungsströme. — Elektrische Felder in der Grenzschicht zweier Substanzen. — Die Radioaktivität. — Elektrische Welle. — Das Relativitätsprinzip als Erfahrungstatsache. — Anhang: Die elektrischen Einheiten. — Vergleichende Übersicht über die Schreibweise einiger Gleichungen. Sachverzeichnis. — Periodisches System der Elemente. — — Magnetische Feldvektoren und Einheiten. — Nebenbegriffe. — Oft gebrauchte Gleichungen. — Längeneinheiten, Krafteinheiten, Druckeinheiten, Energieeinheiten. — Winkelmessung. — Wichtige Konstanten. — Ergänzungen. — Berichtigungen.

Dritter Band: Einführung in die Optik. Siebente und achte Auflage. Mit 565 Abbildungen im Text und auf einer Tafel, darunter 18 entlehnten. IV, 356 Seiten. 1948.
DM 21.—

Inhaltsübersicht: Die einfachsten optischen Beobachtungen. — Abbildung und die Bedeutung der Lichtbündelbegrenzung. — Einzelheiten, auch technische, über Abbildug und Bündelbegrenzung. — Energie der Strahlung und Bündelbegrenzung. — Interferenzerscheinungen nebst Anwendungen. — Beugung nebst Anwendung. — Beugung an undurchsichtigen Strukturen. — Beugungserscheinungen an durchsichtigen Strukturen. — Geschwindigkeit des Lichts und Licht in bewegten Bezugssystemen. — Polarisiertes Licht. — Zusammenhang von Reflexion, Brechung und Absorption des Lichtes. — Streuung und Dispersion. — Quantenhafte Absorption und Emission der Atome. — Quantenhafte Absorption und Emission von Molekülen. — Der Dualismus von Welle und Korpuskel. — Über Strahlungsmessung und Lichtmessung. — Über Farben und Glanz. — Anhang: Dosierung von Röntgenlicht. — Sachverzeichnis. — Tafeln.

Eigenart und Vorzüge von Pohls dreibändiger „Einführung in die Physik" sind zu bekannt, als daß sie breiter Schilderung bedürften. Entstanden als Darstellung der Experimentalvorlesung, in deren Versuchs- und Demonstrationstechnik Pohl ja ganz neue Wege beschritt, wurde das Werk von Auflage zu Auflage eine immer vollständigere Gesamtdarstellung der Physik bis zu den modernsten Ergebnissen und Fragestellungen hin. Den Ausgang bilden stets einem großen Hörerkreis vorführbare und nach den Angaben des Buches reproduzierbare Versuche, so ausgewählt und angelegt, daß aus ihnen möglichst ohne mathematische Entwicklungen die allgemeinen Zusammenhänge herausspringen.

Lehrbuch der Technischen Mechanik für Ingenieure und Physiker. Zum Gebrauche bei Vorlesungen und zum Selbststudium. Von Dr.-Ing. *Theodor Pöschl*, o. Professor an der Technischen Hochschule Karlsruhe.

Erster Band: Statik und Dynamik. Dritte, umgearbeitete Auflage. Mit 257 Abbildungen. VIII, 343 Seiten. 1949. DM 22.50, gebunden DM 25.—

Die Mechanik nimmt im technischen Unterrichte eine Mittelstellung ein zwischen den vorbereitenden Gegenständen — Mathematik, darstellende Geometrie und Physik — und den eigentlich technischen, den verschiedenen Ausgangsfächern. Ihr Studium bereitet erfahrungsgemäß dem Anfänger gewisse Schwierigkeiten, die sich insbesondere dann einstellen, wenn der Studierende in die Lage kommt, selbständig mechanische Aufgaben von der Art, wie sie die technische Praxis stellt, lösen zu müssen.

Zur Überwindung der hierbei auftauchenden Schwierigkeiten soll das vorliegende Buch einen Weg weisen. Es will in knapper Form unter Vermeidung alles irgend Entbehrlichen und unter fortgesetzter Bezugnahme auf die Anwendungen die einfachsten und wichtigsten Lehren der Mechanik in einem Umfang darbieten, wie sie (ungefähr) von den Studierenden unserer technischen Hochschulen verlangt werden.

Inhaltsübersicht: Einleitung. — Statik der starren Körper. — Dynamik der Punktmassen. — Kinematik der starren Körper. — Dynamik der starren Körper. — Literaturübersicht. — Namen- und Sachverzeichnis.

Vorlesungen über Integral- und Differentialrechnung. Von Dr. phil. *Georg Prange* †, Professor der Mathematik an der Technischen Hochschule Hannover. Herausgegeben von Dr. phil. *Werner v. Koppenfels*, Professor der Mathematik. In zwei Bänden.

Erster Band: Funktionen einer reellen Veränderlichen. Mit 140 Abbildungen. XV 436 Seiten. 1943. (Neudruck 1948.) DM 27.—

Der vom Verfasser folgerichtig eingehaltene Grundsatz, mathematische Begriffsbildungen erst dann einzuführen, wenn es zwanglos möglich ist und wenn der Leser ihre Notwendigkeit oder die damit verbundenen Vorteile einsehen kann, führt zu einer Darstellung, die in mancher Hinsicht von der üblichen stark abweicht. Beispielsweise wird der Begriff des Differentials und die damit verbundene Schreibweise der Ableitung und des Integrals erst verhältnismäßig spät eingeführt, da die Begriffe Flächeninhalt und Steigung bei den ganzen rationalen und auch bei den einfachsten gebrochenen rationalen Funktionen sich ohne diesen Formalismus sehr einfach behandeln lassen. Erst bei der Begründung der Substitutionsmethode ergibt sich für den Leser zwanglos die Einführung der neuen Symbolik ...

[Vorlesungen über Integral- und Differentialrechnung]

Inhaltsübersicht: I. Die ganzen rationalen Funktionen. — II. Die gebrochenen rationalen Funktionen und ihre Flächeninhaltsfunktionen. — III. Ausbau der Differential- und Integralrechnung. — IV. Die einfachsten irrationalen Funktionen und ihre Integrale. — V. Die Fourierschen Reihen.

Zweiter Band: Von Prof. Dr. *K. H. Weise*, Kiel.   (In Vorbereitung.)

Leitfaden der Technischen Wärmelehre nebst Anwendungsbeispielen. Von Dr.-Ing. habil. *Hugo Richter*, Gummersbach. Mit 384 Abbildungen, 1 Diagramm und 104 Zahlentafeln im Text und Anhang. XII, 617 Seiten. 1950.   Ganzleinen DM 34.50

Aufgabe dieses Leitfadens ist es, dem Leser ein abgerundetes Bild von der technischen Wärmelehre und ihren rechnerischen Verfahren unter besonderer Berücksichtigung der Thermodynamik gas- und dampfförmiger Stoffe zu vermitteln.

Der Leitfaden setzt keine Vorkenntnisse in der Wärmelehre voraus, er ist sowohl für das Selbststudium als auch zur Grundlage und Ergänzung des Unterrichts an den technischen Schulen geeignet. Außerdem soll der Leitfaden dem in der Praxis Stehenden bei der Wiederauffrischung und Erweiterung seiner Kenntnisse zur Hand gehen.

In den Text sind zahlreiche charakteristische Berechnungsaufgaben eingestreut, und am Schlusse der Abschnitte befinden sich, soweit erforderlich, größere zusammengefaßte Anwendungsbeispiele, die zur Erläuterung und Ergänzung dienen.

Neue Methoden der Wetteranalyse und Wetterprognose. Von Dr. *Richard Scherhag*, Berlin. Mit 213 zum größten Teil farbigen Abbildungen. XII, 424 Seiten. DIN A 4. 1948.   Geheftet DM 78.—, gebunden DM 82.50

In diesem Buch sind die in den letzten Jahren entwickelten und im deutschen meteorologischen Dienst erprobten neuen synoptisch-aerologischen Erkenntnisse, auf denen seit 1941 die tägliche Konstruktion der Vorhersagekarte basiert, zusammenfassend dargestellt. Damit wird diese Methode einem größeren Kreise zugänglich gemacht und als Grundlage für einen späteren Wiederaufbau des Friedenswetterdienstes gesichert. Gleichzeitig wurde das während der letzten Jahre angefallene umfangreiche deutsche aerologische Beobachtungsmaterial einer ersten Sichtung und Bearbeitung unterzogen.

Inhaltsübersicht: Entwicklung und Grundlagen der Synoptik. — Die allgemeine Zirkulation der Tropound Stratosphäre und ihre Auswirkung auf das Wettergeschehen. — Das Wetter und seine Analyse. — Die Wettervorhersage. — Längerfristige Vorhersagen.

Einführung in die Technische Thermodynamik und in die Grundlagen der chemischen Thermodynamik. Von Dr.-Ing. *Ernst Schmidt*, o. Professor und Direktor des Instituts für Wärmetechnik an der Technischen Hochschule Braunschweig. Vierte überarbeitete und erweiterte Auflage. Mit 244 Abbildungen und 69 Tabellen im Text sowie 3 Dampftafeln als Anlage. Etwa 530 Seiten. 1950.   (In Vorbereitung.)

Kurzes Lehrbuch der Physik. Von Professor Dr. *H. A. Stuart*, Hannover. **Zweite und dritte Auflage.** Mit 378 Abbildungen. VIII, 284 Seiten. 1949.

Halbleinen DM 15.—

Das „kurze" Lehrbuch soll kein Ersatz für die Experimentalvorlesung sein, wohl aber dem Anfänger über die zunächst so verwirrende Vielheit der physikalischen Erscheinungen einen ersten ordnenden Überblick vermitteln, der ihn die gemeinsamen und im Grunde einfachen Gesetzmäßigkeiten erkennen läßt und der ihn zu weiterem Studium anregen möge.

Inhaltsübersicht: Mechanik. — Schwingungs- und Wellenlehre. Akustik. — Wärmelehre. — Elektrizität und Magnetismus. — Optik und allgemeine Strahlungslehre. — Namen- und Sachverzeichnis.

Praktische Funktionenlehre. Von Professor Dr.-Ing. *Friedrich Tölke*, Karlsruhe.

Erster Band: Elementare und elementare transzendente Funktionen (Unterstufe). Mit 178 Abbildungen und 50 durchgerechneten Beispielen. **Zweite, erweiterte Auflage.** Etwa 464 Seiten.   (In Vorbereitung.)

Inhaltsübersicht: **Erster Abschnitt:** Definierende Differential- und Integralgleichungen, Fundamentaleigenschaften und gegenseitige Beziehungen der elementaren und elementaren transzendenten Funktionen. — **Zweiter Abschnitt:** Durch elementare und elementare transzendente Funktionen ausdrückbare Integrale. — **Dritter Abschnitt:** Funktionentafeln der elementaren Transzendenten. — **Vierter Abschnitt:** Anwendungen im Bereich der partiellen Differential- und Integralgleichungen. — **Fünfter Abschnitt:** Summierung von Reihenentwicklungen. — **Sechster Abschnitt:** Tafel der Kugelfunktionen sowie ihrer Ableitungen und Integrale.

Mechanik deformierbarer Körper. Von Professor Dr.-Ing. *Friedrich Tölke*, Karlsruhe.

Erster Band: Der punktförmige Körper. Mit 339 Abbildungen. VIII, 388 Seiten. 1949. Ganzleinen DM 45.—

In dem vorliegenden ersten Bande ist, neben dem Einbau zahlreicher mathematischer Grundlagen für die folgenden Bände, auch schon größter Wert auf eine möglichst weitgehende Behandlung der Elemente der Schwingungslehre gelegt worden. 55 vollständig durchgerechnete Beispiele aus zahlreichen Gebieten der Technik lassen anschaulich erkennen, wie viele technische Probleme bereits mit den Methoden der Punktmechanik einer vollständigen Lösung entgegengeführt werden können. Es wurde besonderer Wert darauf gelegt, auch die mathematisch schwierigeren Kapitel durch Beispiele zu erläutern. Dort, wo im Falle der Schwingungen mit quadratischer Dämpfung keine geschlossenen Lösungen gegeben werden konnten, sind die Ergebnisse in einer Reihe von Zahlentafeln niedergelegt worden, die eine unmittelbare Lösung technischer Aufgaben erlauben.

Inhaltsübersicht: I. Abschnitt: 1. Der geradlinig bewegte, punktförmig idealisierte Körper. — II. Abschnitt: Der beliebig bewegte, punktförmig idealisierte Körper. — 2. Vektorielle, geometrische und kinematische Grundlagen. — 3. Mechanische Grundlagen. — 4. Bewegungen in zentralen Potentialfeldern. — 5. Mechanik der Raum- und Relativbewegungen. — III. Abschnitt: Der punktförmig idealisierte Körperhaufen. — 6. Massenmittelpunkt des Haufensystems. — 7. Mechanik des Haufensystems. — 8. Die gekoppelten harmonischen Schwingungen in Verbindung mit erzwungenen Schwingungen. — 9. Die gedämpften Schwingungen.

Mit Rücksicht auf die Zunahme der dynamischen und thermischen Beanspruchungen von Konstruktionsteilen und auf die Entwicklung der hydrodynamischen und thermodynamischen Grenzgebiete, insbesondere durch Stöße und Schwingungen, ist die folgende Gliederung dieses Werkes geplant:

Band I: Der punktförmige Körper. Band II: Der statisch beanspruchte feste Körper. Band III: Der dynamisch beanspruchte feste Körper. Band IV: Der thermisch beanspruchte feste Körper. Band V: Flüssigkeiten und Gase.

Einführung in die Akustik. Von Prof. Dr. phil. *Ferdinand Trendelenburg*, Freiburg. Zweite, umgearbeitete Auflage. Mit etwa 250 Abbildungen. Etwa 300 Seiten. 1950. (In Vorbereitung.)

Lehrbuch der theoretischen Physik. Von *W. Weizel*. In zwei Bänden.

Erster Band: Physik der Vorgänge. Bewegung, Elektrizität, Licht, Wärme. Mit 270 Textabbildungen. XV, 771 Seiten. 1949. DM 53.—, Ganzleinen DM 56.90

Zweiter Band: (Erscheint im Sommer 1950.)

Jeder Band ist einzeln käuflich!

Dieses neue, zweibändige Lehrbuch unterscheidet sich von seinen Vorgängern hauptsächlich dadurch, daß der Quantentheorie der ihr zukommende Platz zugewiesen ist und daß, um den Inhalt des Buches näher an den Stand der Forschung heranzuführen oder die Brücke zu manchen technischen Anwendungen zu schlagen, vielfach auch Gegenstände aufgenommen wurden, die sonst in Lehrbüchern nicht berücksichtigt werden.

Der erste Band behandelt im wesentlichen die Gebiete der klassischen Physik: Mechanik der Punkte und starren Körper, Mechanik der Kontinua, Elektrodynamik, Optik, Relativitätstheorie und Thermodynamik. Der zweite Band beginnt aus didaktischen Gründen mit einer elementaren Atomtheorie, an die sich erst im zweiten Teil die systematische Behandlung der Quantentheorie anschließt. Die Theorie der Atomkerne ist noch zu sehr im Werden, als daß sie schon zur Grundlage der Darstellung der Struktur der Materie gemacht werden könnte, und wird infolgedessen am Schluß des Buches abgehandelt.

Physik. Ein Lehrbuch von *Wilhelm H. Westphal*, Berlin. 14. und 15. Auflage. Mit 650 Abbildungen. XII, 758 Seiten. 1950. Ganzleinen DM 29.70

Aus den Besprechungen der letzten Auflage: ... Nicht leicht wird der Leser etwas wirklich Wertvolles aus dem weiten Gebiet der Physik vermissen, vom Ultraschall bis zum Elektronen-Mikroskop. (Der mathematische und naturwissenschaftliche Unterricht)

Kleines Lehrbuch der Physik ohne Anwendung höherer Mathematik. Von Professor *Wilhelm H. Westphal*, Berlin. Mit 283 Abbildungen. VIII, 251 Seiten. 1948. Halbleinen DM 9.60

[Kleines Lehrbuch der Physik]

Obwohl sich dieses Buch an einen viel breiteren Kreis wendet als das große Lehrbuch desselben Verfassers, ist es keineswegs eine Art Auszug aus diesem, sondern wurde völlig neu geschrieben, ohne dessen Text zu benutzen. Lediglich eine Anzahl von Abbildungen wurde übernommen.

Inhaltsübersicht: Mechanik der Massenpunkte und starren Körper. — Mechanik der Stoffe. — Wärmelehre. — Elektrostatik. — Elektrische Ströme. — Magnetismus und Elektrodynamik. — Die Lehre vom Licht und allgemeine Strahlungslehre. — Die Atome.

Matrizen. Eine Darstellung für Ingenieure. Von Dr.-Ing. *Rudolf Zurmühl*. Mit 25 Abbildungen. XV, 427 Seiten. Ganzleinen DM 25.50

Inhaltsübersicht· 1. Einleitung. — I. Kapitel: Der Matrizenkalkül: 2. Grundbegriffe und einfache Rechenregeln. — 3. Matrizen und Vektoren. — 4. Matrizenmultiplikation. — 5. Kehrmatrix und Matrizendivision. — 6. Lineare Transformationen. — 7. Orthogonale Transformation. — II. Kapitel: Der Rang: 8. Determinanten. — 9. Lineare Abhängigkeit und Rang. — 10. Theorie der linearen Gleichungen. — 11. Äquivalenz und Rangbestimmung. — III. Kapitel: Formationen und Transformationen: 12. Bilineare und quadratische Formen. — 13. Koordinatentransformationen. — IV. Kapitel: Eigenwertproblem: 14. Charakteristische Zahlen und Eigenvektoren. — 15. Symmetrische Matrizen. — 16. Allgemeinere Eigenwertprobleme. — 17. Komplexe Matrizen. — V. Kapitel: Struktur der Matrix: 18. Die Minimumgleichung. — 19. Elementarteiler, Klassifikation. — 20. Die Normalform. — 21. Hauptvektoren. — Transformation auf Normalform. — 22. Matrizenfunktionen und Matrizengleichungen. — VI. Kapitel: Numerische Verfahren: 23. Auflösung linearer Gleichungssysteme durch Matrizenmultiplikation. — 24. Iterative Behandlung linearer Gleichungssysteme. — 25. Iterative Bestimmung der größten charakteristischen Zahlen. — 26. Bestimmung höherer Eigenwerte. — VII. Kapitel: Anwendungen: 27. Matrizen in der Elektrotechnik. — 28. Matrizen in der Schwingungstechnik. — 29. Systeme linearer Differentialgleichungen. — 30. Differentialmatrizen und nichtlineare Transformationen. — 31. Tensoren. — 32. Matrizen in der Ausgleichsrechnung. — Sachverzeichnis.

Die Lehre von den Matrizen ist eine Lehre von den linearen Beziehungen. Diese aber spielen in der gesamten mathematischen Naturbeschreibung und dementsprechend auch in der Ingenieurwissenschaft eine hervorragende Rolle. Es gibt kaum ein der Rechnung zugängliches Gebiet in Physik und Technik, in dem man nicht mehr oder weniger zwangsläufig auf Beziehungen linearer Art geführt wird. — Das vorliegende Buch wendet sich demgemäß nach Darstellungsart, Aufbau und Stoffauswahl an den Ingenieur, und zwar ganz besonders auch an jenen, der nicht über eine mathematische Sonderausbildung verfügt.

II. Maschinenbau

Konstruktionsaufgaben für den Maschinenbau. Einführung des Studierenden in die Praxis des Gestaltens. Von Dipl.-Ing. *Walter Beinhoff*, Hamburg. 160 Aufgaben mit zahlreichen Lösungen und 300 Figuren. VIII, 184 Seiten. 1950. DM 9.60

Die neue Aufgabensammlung will dem Ingenieurschüler bei der Ausarbeitung ihm gestellter Konstruktionsaufgaben behilflich sein. Ungeübt und ohne Erfahrung wird es ihm, nur gestützt auf die Erinnerungen aus seinem Werkstatterleben und auf die bei den Vorlesungen gewonnenen Erkenntnisse kaum möglich sein, den Dingen aus Eigenem Gestalt zu geben.

Das Buch ist so aufgebaut, daß der Studierende zwanglos von einfachen Dingen über Probleme stetig zunehmender Schwierigkeiten zu größeren Konstruktionen aufsteigt. Die beigegebenen Lösungen sollen es dem selbständig arbeitenden Ingenieur ermöglichen, seine Ergebnisse zu kontrollieren und zu beurteilen. Bei der Vielfalt der Lösungsmöglichkeiten bleibt aber die Hilfe des Lehrers, d. h. geregelter Unterricht nötig.

Kolbenverdichter. Einführung in Arbeitsweise, Bau und Betrieb von Luft- und Gasverdichtern mit Kolbenbewegung. Von Dipl.-Ing. *Ch. Bouché*, Direktor der Ingenieurschule Beuth, Berlin. Zweite, neu bearbeitete und erweiterte Auflage. 1950. Mit 184 Textabbildungen. VI, 160 Seiten. DM 12.—

Das vorliegende Buch macht in kurzer, gedrängter und übersichtlicher Weise den Studierenden mit dem Wesen der Kolbenverdichter vertraut und wird dem jüngeren Konstrukteur eine wertvolle Hilfe sein. Die theoretischen Abhandlungen sind so kurz wie möglich gehalten und zum leichteren Verständnis wird möglichst die graphische Darstellung benutzt.

Inhaltsübersicht: Einleitung. — Begriffe. — Wärmetechnische Grundlagen. — Vorgänge im wirklichen Kolbenverdichter. — Leistungen und Wirkungsgrade. — Mehrstufige Verdichtung. — Grundsätzliche Bauarten der Kolbenverdichter. — Steuerungen der Kolbenverdichter. — Kühlung. — Zwischenkühler. — Antrieb und Regelung. — Ausführung der Kolbenverdichter. — Schmierung. — Planen und Betrieb selbsttätiger Druckluftanlagen. — Vakuumpumpen. — Drehkolbenverdichter. — Schrifttumsverzeichnis.

Taschenbuch für den Maschinenbau. Bearbeitet von namhaften Fachleuten, herausgegeben von Professor *Heinrich Dubbel*, Ingenieur, Berlin. Zehnte Auflage. Berichtigter Neudruck der 9. Auflage (1943). Mit etwa 2900 Textfiguren. Etwa 1465 Seiten. 1949. In zwei Ganzleinenbänden auf Dünndruckpapier DM 28.50

Inhaltsübersicht: Erster Band: Mathematik. — Mechanik. — Die Brennstoffe und ihre technische Verwendung. — Festigkeitslehre. — Werkstoffkunde. — Schweißkonstruktionen. — Maschinenteile. — Zweiter Band: Die Dampferzeugungsanlagen. — Die Kraft- und Arbeitsmaschinen mit Kolbenbewegung. — Schwungräder, Massenausgleich, Schwingungen und Regler. — Die Kondensation. — Die umlaufenden Kraft- und Arbeitsmaschinen. — Abwärmeverwertung. — Rohrleitungen. — Hebe- und Fördermittel. — Werkzeugmaschinen. — Kraftwagen. — Elektrotechnik. — Sachverzeichnis.

Das „Taschenbuch" gibt kurz, genau und erschöpfend Auskunft über alle Fragen des Maschinenbaues. Sowohl unter den Studierenden als auch den praktisch tätigen Ingenieuren hat das Buch zunehmende Verbreitung gefunden.

Die einzelnen Kapitel sind in der Weise behandelt, daß sie jedem Maschineningenieur einen raschen Überblick auch über ihm ferner liegende Fachgebiete ermöglichen. Zahlreiche Tabellen, Normalprofile, Stoffwerte, Gewichtsangaben usw. erhöhen den Wert des Buches für den Praktiker.

Zahlentafeln und Formeln für den Maschinenbau. Von Professor *Heinrich Dubbel*. Zusammengestellt und bearbeitet nach dem **Taschenbuch für den Maschinenbau,** neunte Auflage, berichtigter Neudruck. Zweite, unveränderte Auflage. Mit zahlreichen Figuren. VII, 216 Seiten. 1949. DM 6.60

Einführung in den Wärme- und Stoffaustausch. Von Dr.-Ing. habil. *Ernst Eckert*.
Siehe Seite 2.

Der Kreisel. Seine Theorie und seine Anwendungen. Von Dr. *R. Grammel*, o. Prof. an der Techn. Hochschule Stuttgart.   Siehe S. 2.

Gummifedern. Von Dr.-Ing. *E. F. Göbel*. (Konstruktionsbücher, 7.) Mit 68 Abbildungen. IV, 58 Seiten. 1945.   DM 6.—

Die stetig zunehmende Verwendung des Werkstoffes Gummi auf allen Gebieten technischen Schaffens erfordert, sich näher mit seinen technischen Eigenschaften zu befassen. Die Gummi-Metall-Verbindung bietet viele Anwendungsmöglichkeiten. Daher braucht der Konstrukteur Unterlagen für die Berechnung und Gestaltung von Gummifedern, wenn er mit dem immerhin schwierigen Werkstoff nützlich und einigermaßen sicher arbeiten will. Das vorliegende Buch faßt die im Schrifttum nur verstreut zu findenden Ergebnisse der Forschung und Praxis mit eigenen Untersuchungsergebnissen zusammen.

Aus dem Inhaltsverzeichnis: Vorwort. — 1. Einführung. — 2. Gummi als Konstruktionselement: Elastische und Dämpfungseigenschaften. Haltbarkeitseigenschaften. Einfluß von höheren und tieferen Temperaturen. Einfluß von angreifenden Mitteln. Konstruktionsbeispiele. — 3. Berechnung einfach gestalteter Gummifedern: Grundlagen. Berechnung von schubbeanspruchten Scheibenfedern. Berechnung von schubbeanspruchten Hülsenfedern. Berechnung von drehbeanspruchten Hülsenfedern. Berechnung von verdrehbeanspruchten Scheibenfedern. Berechnung von druckbeanspruchten Federn. Berechnung von zugbeanspruchten Federn. Berechnung von radialbeanspruchten Hülsenfedern. — 4. Verhalten bei wechselnder Beanspruchung: Dynamische Einheitskraft. Schwingungsprüfeinrichtungen. Dämpfung. Temperatureinflüsse und Dauerbruch. — Schrifttum.

VDI-Wasserdampftafeln. Mit einem Mollier (i, s)-Diagramm (WE = 1 mm, mit roten Volumenlinien) auf einer besonderen Tafel.   Siehe S. 5.

Bau und Berechnung der Verbrennungskraftmaschinen. Von *Otto Kraemer*, Professor an der Technischen Hochschule Karlsruhe. Dritte, neubearbeitete Auflage. Mit 207 Abbildungen. IV, 198 Seiten. 1948.   DM 9.—

Ein handliches, sehr billiges, für jeden angehenden Techniker leicht lesbares und leicht faßliches Lehrbuch, das dem Lernenden Verständnis, Mut und Freude eingeben soll, und das auch dem fertigen Ingenieur durch den klaren Ernst seiner Auskünfte Nutzen und Genuß zu vermitteln vermag.

Inhaltsübersicht: Die Aufgabe. — Die Brennkraftmaschine. — Die Kolbenmaschine. — Gestaltung und Berechnung. — Anhang. — Sachverzeichnis.

Die selbsttätige Regelung. Theoretische Grundlagen mit praktischen Beispielen. Von Professor Dr.-Ing. *A. Leonhard*, Stuttgart. Mit 254 Abbildungen. IX, 284 Seiten. 1949.
DM 24.—, gebunden DM 27.—

Dieses Werk des Verfassers behandelt nicht nur, wie sein 1940 erschienenes Buch, die Regelung in der Elektrotechnik, sondern umfaßt die Regeltechnik ganz allgemein und berücksichtigt die neuesten Veröffentlichungen auf diesem Gebiet.

Während bei anderen in den letzten Jahren erschienenen Werken die mathematische Theorie besonders betont ist, wird hier mehr Wert auf die praktische Anwendung der verschiedenen mathematischen Methoden gelegt. An Hand von zahlreichen durchgerechneten Aufgaben werden die entsprechenden Verfahren eingehend erläutert.

Das Buch ist als Einführung für Neulinge gedacht, bringt aber auch dem erfahrenen Regeltechniker die neuesten Methoden und Entwicklungen.

Inhaltsübersicht: Grundlagen. — Ermittlung des Regelvorganges. — Stabilität der Regelung. — Festlegung frei wählbarer Regelkonstanten.

Die Pumpen. Ein Leitfaden für Ingenieurschulen und zum Selbstunterricht. Von *Matthießen-Fuchslocher*. Achte, verbesserte Auflage. Von *Eugen Fuchslocher*, Dipl.-Ing., Kiel. Mit 238 Abbildungen. VI, 123 Seiten. 1948.   DM 11.40

Das vorliegende Buch bringt in kurzer Fassung das Wichtigste, was ein angehender Maschineningenieur über Wesen, Anordnung, Konstruktion und Betrieb der heute gebräuchlichen Pumpen wissen muß. In erster Linie ist es als Lehrbuch und als Ergänzung für den Unterricht an den Ingenieurschulen gedacht. Außerdem soll es als Leitfaden für Studierende an den technischen Hochschulen und zum Selbstunterricht dienen.

[Die Pumpen.]

Inhaltsübersicht: Allgemeines. — I. Kolbenpumpen. 1. Anordnung und Wirkungsweise der verschiedenen Bauarten. 2. Berechnung. 3. Konstruktive Ausbildung und Einzelheiten. 4. Ausführungsbeispiele. 5. Inbetriebsetzung und Regelung. — II. Kreiselpumpen. 1. Wirkungsweise und Bauarten. 2. Berechnung. 3. Konstruktive Ausbildung und Einzelheiten. 4. Verwendungszweck und Antrieb. 5. Inbetriebsetzung und Regelung. 6. Ausführungsbeispiele. — III. Luftdruck- und Dampfdruckpumpen. 1. Luftdruckpumpen. 2. Dampfdruckpumpen (Pulsometer). — IV. Wasserstrahl- und Dampfstrahlpumpen. 1. Wasserstrahlpumpen. 2. Dampfstrahlpumpen (Injektoren).

Die Dampflokomotive, Lehre und Gestaltung. Von Dr.-Ing. *F. Meineke*, o. Professor an der Technischen Universität Berlin unter Mitwirkung von Dipl.-Ing. *Fr. Röhrs*, Oberreichsbahnrat a. D., ehem. Vorstand des Versuchsamtes für Lokomotiven in Grunewald. Mit 568 Abbildungen und 6 Tafeln. VIII, 519 Seiten. 1949.

DM 64.50, Ganzleinen DM 67.50

Das Buch enthält nichts über Konstruktion, aber die gesamte theoretische Grundlage, die der Konstrukteur braucht, von der Verbrennung bis zu der durchgeführten Rahmenberechnung. Es zeichnet sich dabei durch seine lebendige, klare und anregende Darstellung aus. Der vielfach zerstreute Stoff der gerade im letzten Jahrzehnt stärker hervorgetretenen wissenschaftlichen Erforschung der Lokomotive wird dem Leser geordnet und kritisch gesichtet vorgesetzt. Auch die fast rein theoretischen Abschnitte, wie Verbrennung, Zugerzeugung, Massenausgleich, Spurkranzkräfte, Lastverteilung, Bremswirkungen usw., sind nicht vom Standpunkt des Theoretikers, sondern von dem des Entwerfenden aus behandelt. Die klaren Abbildungen, die jeweils übersichtliche Zusammenstellung der nicht zu entbehrenden vielen Formelzeichen erleichtern den Gebrauch, und die sorgfältigen Literaturangaben ermöglichen das Sonderstudium von Einzelheiten. . . . *Zeitschrift des Vereins deutscher Ingenieure*

Inhaltsübersicht: Einleitung. Zusammenhang der Hauptmaße. Fahrwiderstände. — Erster Teil: Dampfkessel. — Triebwerk. — Rahmen. — Lokomotivlehre. — Zweiter Teil: Lokomotivgestaltung. — Tender. — Dampfkessel. — Triebwerk. — Rahmen. — Verschiedenes. — Sachverzeichnis.

Dampfkraft. Berechnung und Verhalten von Wasserrohrkesseln, Erzeugung von Kraft und Wärme. Ein Handbuch für den praktischen Gebrauch. Von Dr.-Ing. *Friedrich Münzinger.* Dritte, umgearbeitete und stark erweiterte Auflage. Mit 859 Abbildungen, 62 Rechenbeispielen und 76 Zahlentafeln im Text sowie 19 Kurventafeln in der Deckeltasche. XII, 546 Seiten. 1949. Quartformat.

DM 82.50, Halbleinen DM 87.50

Die beiden früheren Auflagen des Buches haben fast einer ganzen Generation von Kesselbauern als Wegweiser gedient, wobei der Verfasser, aus seiner umfangreichen praktischen Arbeit schöpfend, vielfach Anregungen zu fruchtbarer Weiterentwicklung geben konnte. Die neue stark erweiterte Auflage dieses für viele unentbehrlich gewordenen Handbuches läßt die kennzeichnenden Merkmale der Entwicklung der neuzeitlichen Dampfkessel seit der Einführung des Hochdruckdampfes an den Augen des Lesers vorüberziehen und scheut auch nicht den Ausblick in die Zukunft. Berechnung, Bau, Betrieb und Untersuchung von Dampfkesseln werden gründlich behandelt. Viele neu hinzugekommene Abschnitte vervollständigen den Inhalt des Buches, das sicherlich seinen führenden Platz weiter beibehalten wird.

Inhaltsübersicht: Erster Teil: Kurze Geschichte der Wärmekraftmaschinen. — Umwandlung der Brennstoffwärme in Arbeit. — Wärmetechnisches Berechnen und Verhalten von Dampfkesseln. Entwicklung und derzeitiger Stand des Wärmekraftmaschinenbaues. Umwandlung der Brennstoffwärme in Arbeit. Der Wärmeübergang in Wasserrohrkesseln. Das Verhalten von Feuerräumen. Das Verhalten von Dampferzeugern. — Zweiter Teil: Baustoffe, Wasserumlauf in Dampfkesseln, Konstruktion, Kosten und betriebliches Verhalten von Dampfkesseln und Feuerungen, Kesselanlage und übriges Kraftwerk. Allgemeine energiewirtschaftliche Fragen. Atomkraftwerke. Kesselbaustoffe. — Der Wasserumlauf. Das Verhalten von Feuerungen. Der Aufbau von Wasserrohrkesseln. Verhalten von Kesseln im Betriebe. Kosten von Kraftmaschinen und Kraftwerken. Zusammenbau von Kesselhaus und übrigem Kraftwerk. Spitzenkraftwerke. Wichtiges Kesselzubehör. Rohrleitungen und Armaturen. Wärme- und Rohrleitungsschaltbilder. Energieerzeugung und -verteilung. Zu neuen Ufern.

Die Gesamtplanung von Dampfkraftwerken. Von Dr. techn. *Ludwig Musil*, Dozent an der Technischen Hochschule, Direktor der Steirischen Wasserkraft- und Elektrizitäts-Aktiengesellschaft Graz. Zweite, neubearbeitete Auflage. Mit 281 Abbildungen. XII, 451 Seiten. 1948.

DM 42.—

. . . Das Werk zeichnet sich durch klaren Aufbau und knappe Fassung aus. Der Verfasser schöpft aus reicher eigener Erfahrung in der Planung moderner Dampfkraftwerke Deutschlands: die dargelegten Grundbegriffe und Gesichtspunkte jedoch sind von allgemeiner Gültigkeit. Es sei

[Die Gesamtplanung von Dampfkraftwerken.]
auch demjenigen empfohlen, der sich nur mit Teilen einer Dampfanlage zu befassen hat; denn
er wird mit Interesse verfolgen können, was für Bedingungen diese Teile im Rahmen des Ganzen
zu erfüllen haben. Besonders wertvoll sind dabei die eingehenden Erörterungen über die oft
schwierig zu erfassenden wirtschaftlichen Fragen...   (Schweizerische Bauzeitung)
Inhaltsübersicht: Wirtschaftliche Grundlagen. — Der Einfluß der Belastungsverhältnisse und der Netz-
struktur auf die Gesamtplanung. Die betriebsstoffbedingten Einflüsse auf die Gesamtplanung. Die Auslegung des Kraftwerkes. Die bauliche Gestaltung des Kraftwerkes. Entwicklungsfragen des Dampfkraft-
werkbaues.

Maschinenelemente. Entwerfen, Berechnen und Gestalten im Maschinenbau. Ein
Lehr- und Arbeitsbuch. Von Dr.-Ing. *G. Niemann*, Professor an der Technischen
Hochschule Braunschweig.

Erster Band: Grundlagen, Verbindungen, Lager, Wellen und Zubehör. Mit 264 Bildern im Text und 179 Tafelfiguren. Etwa 336 Seiten. 4°. 1950. Ganzleinen etwa DM 36.—
Inhaltsübersicht: Einführung. — I. Grundlagen: Gesichtspunkte und Arbeitsmethoden. — Gestaltungs-
regeln. — Festigkeitsrechnung. — Leichtbau. — Werkstoffe, Profil- und Maßtafeln. — Normen, Normzah-
len und Passungen. — II. Verbindungen: Schweißverbindung. — Lötverbindung. — Nietverbindung. —
Schraubenverbindung. — Bolzen und Stifte. — Elastische Federn. — Wälzpaarungen. — III. Lager: Wälz-
lager. — Gleitlager. — Schmierstoffe. — IV. Wellen und Zubehör: Achsen und Wellen. — Verbindung von
Welle und Nabe. — Verbindung von Welle und Welle (Kupplungen). — Sachverzeichnis.
Der zweite Band ist in Vorbereitung und enthält: Zahngetriebe: Grundlagen. — Stirntrieb. — Kegeltrieb. —
Schraubentrieb. — Schneckentrieb. — Kettentrieb. — Zahngesperre. — Reibgetriebe: Reibgesperre. —
Reibkupplungen und Reibbremsen. — Reibräder. — Seiltrieb. — Riementrieb. — Sonstiges.

Je umfangreicher der Erfahrungsstoff des Ingenieurs anwächst, um so dringlicher wird es, die In-
genieur-Ausbildung auf die Erwerbung der Arbeitsmethoden und auf die Grundlagen aus-
zurichten und dann im übrigen dem schaffenden Ingenieur jeweils den derzeitigen Stand der Technik
und Forschung durchsichtig und griffbereit darzubieten.
In diesem Sinne bietet das vorliegende Lehr- und Arbeitsbuch die „Maschinenelemente" als geistige
und materielle Bausteine für die Arbeit des Konstrukteurs, angefangen bei den Arbeitsmethoden
bis zu den Erfahrungsangaben, Konstruktionsdaten und Berechnungsbeispielen für die einzelnen
Maschinenelemente.

Die Kreiselpumpen für Flüssigkeiten und Gase. Wasserpumpen / Ventilatoren / Turbo-
gebläse / Turbokompressoren. Von Dr.-Ing. *C. Pfleiderer*, Professor an der Technischen
Hochschule, Braunschweig. Dritte, neubearbeitete Auflage. Mit 353 Textabbildungen.
XI, 518 Seiten. 1949.   DM 51.—, gebunden DM 54.60
... Auf den ersten Blick scheint das Buch von Pfleiderer sehr theoretischer Natur zu sein. Wer
sich aber eingehend damit abgibt, findet nicht nur für den Studierenden, sondern gerade für den
Konstrukteur eine unendliche Fülle wichtiger Unterlagen in leicht faßlicher Form. So hat z. B.
der Besprechende seine Pumpenkonstruktionen im hydraulichen Teil ausschließlich nach diesen
Unterlagen von Pfleiderer geschaffen, wobei die erreichten guten Resultate die beste Empfehlung
für das Buch sein dürften.   (Schweizerische Bauzeitung)
Inhaltsübersicht: A. Allgemeines Verhalten des Fördermittels in der Pumpe. — B. Strömungstechnische
Grundlagen. — C. Der Strömungsmechanismus im Laufrad und die Schaufelarbeit. — D. Die einfach
gekrümmte Radialschaufel. — E. Die verschiedenen Radformen und ihre Eigenschaften. — F. Die doppelt
gekrümmte Radialschaufel. — G. Die Leitvorrichtungen. — H. Die Kennlinien. — J. Regelung. — K. Be-
sonderheiten bei Flüssigkeitsförderung. — L. Die Axialpumpe. — M. Der Ausgleich des Achsschubes. —
N. Bauarbeiten für Flüssigkeits- und Gasförderung. — O. Der Verdichter für hohen Druck. — P. Festigkeit
wichtiger Bauteile. — Anhang: Selbstsaugende Kreiselpumpen. — Sachverzeichnis.

Die Kleinkältemaschine. Von Dr.-Ing. *Rudolf Plank*, o. Professor und Direktor des
Kältetechnischen Instituts in Karlsruhe und Dr.-Ing. *Johann Kuprianoff*, Stellvertr.
Direktor der Reichsforschungsanstalt für Lebensmittelfrischhaltung in Karlsruhe,
ehemals Obering. der Rob. Bosch GmbH. in Stuttgart. Mit 228 Abbildungen. VIII,
324 Seiten. 1948.   DM 27.—
Die Kleinkältemaschine nimmt im Rahmen des gesamten Kältemaschinenbaues eine Sonder-
stellung ein, denn es gelten für sie hinsichtlich der Konstruktion, der Fertigungsmethoden, des
Betriebes, des Vertriebes und der Instandhaltung und Instandsetzung andere Gesichtspunkte
und Anforderungen als für große Maschinen. Massenfabrikation, hohe Betriebssicherheit und
Vollautomatik kennzeichnen die wichtigsten Forderungen, denen die Kleinkältemaschinen entsprechen müssen. Ihr Gebiet beschränkt sich nicht nur auf die Kühlschränke und Gefriertruhene
es umfaßt vielmehr auch die kleingewerblichen Anlagen, kleinere Klima-Aggregate, gekühlt,

[Die Kleinkältemaschine.]

Lastkraft- und Eisenbahnwagen, sowie zahlreiche Sondergebiete, von denen hier nur die Tiefkühlschränke erwähnt sein mögen. Die Grenze der stündlichen Kälteleistung hat sich für die Kleinkältemaschinen in den letzten Jahren merklich nach oben verschoben und sie bleibt auch fernerhin fließend.

Inhaltsübersicht: Einleitung. — I. Verwendungsgebiete der Kleinkältemaschine: 1. Allgemeines. 2. Der Kühlschrank. 3. Die Gefriertruhe. 4. Kleine Roheiserzeuger. 5. Speiseeis-Konservatoren und Soda-fontänen. 6. Getränkekühler. 7. Klimaanlagen. 8. Gekühlte Lastkraftwagen. 9. Kälteanwendungen in der Werkstatt. 10. Tiefkühlschränke. — II. Automatische Sicherheits- und Regelvorrichtungen: 1. Sicherheitsvorrichtungen. 2. Regelvorrichtungen. — III. Verdichtungskältemaschinen: 1. Kältemittel für Verdichtungsmaschinen. 2. Verdichter. 3. Der Betrieb von Verdichtungsmaschinen. 4. Verflüssiger. 5. Verdampfer. — IV. Absorptionskältemaschinen: 1. Allgemeine Bemerkungen. 2. Arbeitsstoffe von Maschinen mit flüssigem Absorptionsmittel. 3. Arbeitsstoffe von Maschinen mit festem Absorptionsmittel. Arbeitsweise und Ausführungsformen von Absorptionsmaschinen. 5. Betriebseigenschaften und Leistungen der Absorptionsmaschinen. — V. Sonderbauarten von Kältemaschinen: 1. Der Membran-Verdichter. 2. Der Magnet-Verdichter. 3. Der Schlauch-Verdichter. 4. Der Quecksilber-Verdichter nach dem Prinzip der Archimedischen Schrauben-Pumpe. 5. Das elektrodynamische Prinzip. 6. Die Dampfstrahl-Kältemaschine. 7. Die elektroosmotische Kälteerzeugung. 8. Der Kältevermehrer (mit Trockeneis). 9. Die Kälteerzeugung durch Luftdrosselung. — Sach- und Firmenverzeichnis.

Wasserkraftmaschinen. Eine Einführung in Wesen, Bau und Berechnung von Wasserkraftmaschinen und Wasserkraftanlagen. Von Dipl.-Ing. *L. Quantz*, Staatl. Baurat a. D., Frankfurt a. M. Neunte, erweiterte und verbesserte Auflage. Mit 225 Abbildungen im Text und 2 Leitertafeln. VIII, 172 Seiten. 1948. DM 11.40

In der vorliegenden neunten Auflage sind wieder veraltete Formen und Erkenntnisse durch solche ersetzt worden, die der letzten Entwicklung des Wasserturbinenbaues entsprechen. Besonders wurde der ungeahnten Entwicklung der Propellerturbinen Rechnung getragen, welche die Francisturbinen auch bei größeren Fallhöhen vielfach verdrängt haben. Neu aufgenommen wurden die Durchström-Turbinen, die in letzter Zeit für kleinere Fallhöhen Verwendung finden. Schließlich ist ein ganz neuer Abschnitt über die Normung der Turbinen und die Aufstellung von Turbinenreihen angefügt worden, welcher einen Ausschnitt aus den Arbeiten des Verfassers für den deutschen Normenausschuß in den Jahren 1943—1945 enthält.

Inhaltsverzeichnis: I. Wasserkraftanlagen. 1. Allgemeines über Wasserkraftanlagen. — Vorarbeiten. — 2. Wassermessung. — 3. Wehre und Zuleitungen zu Kraftanlagen. — 4. Einlaßschützen und Rechen. — II. Allgemeines über Wasserkraftmaschinen. 5. Arten der Wasserkraftmaschinen, Forderungen der Neuzeit und Einteilung der Turbinen. — 6. Turbinen-Arten. — 7. Die Bewegung des Wassers in den Turbinen. — 8. Allgemeine Betrachtungen aus der Hydrodynamik. — 9. Die Arbeitsleistung des Wassers in den Turbinen. — 10. Verhalten der Turbinen bei wechselndem Gefälle. — 11. Spezifische Drehzahlen n_s und n_q. — III. Francis-Turbinen. 12. Konstruktionsformen. — 13. Allgemeine Berechnungsgrundlagen bei Francis-Turbinen. — 14. Berechnung der Francis-Turbine. — 15. Konstruktion der Laufradschaufel. — 16. Regelung der Francis-Turbinen. — Leitschaufeln. — Kennlinien. — 17. Spurlager. — 18. Aufstellungsarten von Francis-Turbinen. — IV. Propeller- und Kaplan-Turbinen. 19. Entwicklung, Wirkungsweise und Radformen. — 20. Regelung der Propeller- und Kaplan-Turbinen. — 21. Aufstellungsarten von Propeller- und Kaplan-Turbinen. — 22. Berechnungsgrundlagen. — V. Freistrahlturbinen. 23. Allgemeines über Tangentialräder. — Aufbau und Regelung. — 24. Berechnung von Tangentialrädern und Konstruktionsmaßnahmen. — 25. Berechnungsbeispiel eines Tangentialrades. — 26. Durchströmung oder Michel-Turbinen. — VI. Normung von Turbinen. 27. Grundlagen zur Normung. — 28. Aufstellung von Turbinen-Reihen. — Tafel 1. Ermittlung geeigneter Turbinen, deren Leistungen und Drehzahlen. Tafel 2. Ermittlung geeigneter Raddurchmesser.

Technische Physik in Einzeldarstellungen. Siehe Seite 7

Brennstoffe, Kraftstoffe, Schmierstoffe. Eine Einführung in ihre Chemie und Technologie für Ingenieure. Von *Bruno Riediger*, Ing. Dr. techn. Dr. jur. Mit 83 Abbildungen und 36 Zahlentafeln. XII, 484 Seiten. 1949. DM 33.—, gebunden DM 35.40

Das Buch hat es sich zur Aufgabe gemacht, in die Chemie und Technologie der Brenn-, Kraft und Schmierstoffe einzuführen, um dem Ingenieur das Verständnis für Vorgänge zu erleichtern, denen er täglich gegenübersteht und die sich besser durchschauen lassen, wenn die zugrunde liegenden chemischen Vorgänge bekannt sind. Dabei findet auch die physikalische Chemie weitgehend Beachtung, wo es sich darum handelt, die den Ingenieur interessierenden Eigenschaften zu erklären. Gewinnung und Herstellung sind unter Berücksichtigung neuzeitlicher Verfahren knapp, aber ausreichend behandelt.

Inhaltsübersicht: Die Chemie der in Brenn-, Kraft- und Schmierstoffen vorkommenden Einzelverbindungen A. Die Kohlenwasserstoffe. B. Verbindungen von Kohlenstoff, Wasserstoff und dritten Elementen. — Die physikalisch-chemischen Eigenschaften der Kohlenwasserstoffe und ihrer Derivate. A. Dynamische Größen. B. Mechanisch-thermische Größen. C. Kalorische Größen. — Die natürlich vorkommenden und tech-

[Brennstoffe, Kraftstoffe, Schmierstoffe.]
nisch gewonnenen Brenn-, Kraft- und Schmierstoffe. A. Kohle und sonstige feste Brennstoffe. B. Erdöl
und Erdgas. C. Die technischen Verfahren zur Umwandlung der Kohlenwasserstoffe. — Die technisch
wichtigen Eigenschaften der Brenn-, Kraft- und Schmierstoffe. A. Feste Brenn- und Kraftstoffe. B. Flüssige
Brenn- und Kraftstoffe. C. Gasförmige Brenn- und Kraftstoffe. D. Schmierstoffe. E. Sonstige Verwendung
von Kohlenwasserstoffen und davon abgeleiteten Verbindungen. — Namenverzeichnis. — Sachverzeichnis.

H. Rietschels Lehrbuch der Heiz- und Lüftungstechnik.   Siehe Seite 29.

Bau und Betrieb von Dieselmaschinen. Ein Lehrbuch für Studierende. Von *Friedrich Sass*, Dr.-Ing., o. Professor an der Technischen Universität Berlin-Charlottenburg. Zweite Auflage von „Kompressorlose Dieselmaschinen".

Erster Band: **Grundlagen und Maschinenelemente.** Mit 376 Abbildungen. VII, 382 Seiten Quartformat. 1948.   DM 51.60, gebunden DM 54.—

... Die Ausführungen der ersten Auflage sind ergänzt und auf den heutigen Stand gebracht. Zahlreiche Fußnoten weisen darauf hin, daß neben den eigenen Erfahrungen des Verfassers eine große Anzahl einschlägiger Forschungsarbeiten und Veröffentlichungen verarbeitet wurden. Das Werk, das als Lehrbuch für Studierende bezeichnet wird, wendet sich in erster Linie an den Konstrukteur. Es stellt eine wertvolle Quelle für alle diejenigen dar, die sich insbesondere über die Probleme des Großdieselmotors unterrichten wollen, und kann dem werdenden und dem in der Praxis stehenden Ingenieur in gleicher Weise empfohlen werden.
(Zeitschrift des Vereins deutscher Ingenieure)
Inhaltsübersicht: Die Treiböle des Dieselmotors. — Gemischbildung, Zündung und Verbrennung. — Brennstoffeinspritzorgane. — Brennstoffpumpen und Regelung. — Brennstoffleitungen und -filter. Vorgänge in den Brennstoffdruckleitungen. — Ausgewählte Bauteile. — Namenverzeichnis. — Sachverzeichnis.

Handbuch der Rohrleitungen. Allgemeine Beschreibung, Berechnung und Herstellung nebst Zahlen- und Linientafeln. Von *Franz Schwedler*, Direktor in Düsseldorf. Vierte Auflage. Neubearbeitet von Dipl.-Ing. *Hellmut von Jürgensonn*, Istanbul. Mit 240 Textabbildungen und 13 Tafeln in einer Tasche. VIII, 293 Seiten.
Ganzleinen DM 36.—
Inhaltsübersicht: I. Allgemeine Beschreibung von Rohrleitungen für verschiedene Verwendungszwecke: A. Richtlinien für den Bau von Rohrleitungsanlagen für Kraft- und Industriewerke. — B. Rohrleitungen für Zentralheizungen und Fernheizanlagen. — C. Rohrleitungen für Gasversorgung. — D. Rohrleitungen für Gaskraftanlagen. — E. Ölleitungen. — F. Rohrleitungen für Preßluftanlagen. — G. Rohrleitungen für Wasserhaltungen in Bergwerken. — H. Rohrleitungen für Wasserkraftanlagen. — J. Wasserwerke, Hauptzuleitungen und Ortsnetze. — II. Berechnung von Rohrleitungen: Druckverlust, Wärmeverlust, Festigkeit: A. Einleitung. — B. Rohrleitungen für Flüssigkeiten. — C. Wasserdampf und dessen Fortleitung. — D. Fortleitung von Luft und Gas. — E. Wärmeschutz. — F. Festigkeitsberechnung von Rohrleitungen. — G. Hoch- und Höchstdruckanlagen. — III. Beschreibung allgemeiner Bauteile: A. Rohre und deren Herstellung. — B. Rohrverbindungen. — C. Armaturen und besondere Apparate zur Messung, Druckregelung und Sicherheit usw. — D. Dehnungsstücke und Auflageteile (Rohrunterstützungen). — IV. Normung im Rohrleitungsbau und Richtlinien. — V. Schrifttum-Übersicht. — VI. Sachverzeichnis. — Verzeichnis der Rechenbeispiele. — Verzeichnis der Zahlentafeln.

Das bewährte Handbuch, dessen dritte Auflage nach kurzer Zeit vergriffen war, dient vornehmlich der Praxis und unterrichtet den Betriebsmann über den Rohrleitungsbau. Es behandelt neben den Rohrleitungen für Dampfkraftwerke auch solche für die verschiedenen industriellen Zwecke zur Fortleitung von Dampf, Gas, Druckluft und Flüssigkeiten. Die bewährte Gliederung des Buches blieb in der vierten Auflage im wesentlichen unverändert. In einem kurzen Abschnitt wurde auf die Entwicklung des Rohrleitungsbaues im Ausland, hauptsächlich in den Vereinigten Staaten von Amerika, eingegangen, wo in der Zwischenzeit ebenfalls zum Teil neue Erkenntnisse gewonnen und in mancher Hinsicht neue Wege beschritten wurden. Die verschiedenen Abschnitte wurden einer Umarbeitung unterzogen und die Rechenbeispiele, Kurventafeln und Tabellen überprüft und den neuen Erkenntnissen angepaßt.

Berechnung der Maschinenelemente. Von Dipl.-Ing. *M. ten Bosch †*, weil. Professor an der Eidgenössischen Technischen Hochschule Zürich. Dritte, ergänzte Auflage der „Vorlesungen über Maschinenelemente". Mit 926 Textabbildungen. Etwa 544 Seiten. 4°.
Ganzleinen etwa DM 42.—
Inhaltsübersicht: Einleitung. — Formulierung der konstruktiven Aufgabe. — Die Grundnormen. — I. Angewandte Festigkeitslehre. — Die Voraussetzungen der Festigkeitslehre und ihre praktische Bedeutung. — Spannungen und Formänderungen in prismatischen Stäben. — Zulässige Spannungen. — Der ringsum symmetrisch belastete Drehkörper. — Erweiterte Festigkeitslehre. — Formgebungselemente. — Plastische Verformungen. — Stabilitätsprobleme. — II. Verbindungen. — Vernietungen. — Keilverbindungen.

[Berechnung der Maschinenelemente.]
— Verschraubungen. — Preßsitze. — Schweißverbindungen. — Federn. — III. Wellen. — Gerade Wellen. — Kupplungen. — Kurbelwellen. — Kritische Drehzahlen. — IV. Gleitlager. — Gebräuchliche Lagerkonstruktionen. — Berechnungsgrundlagen. — Theorie der flüssigen Reibung. — Endliche Breite der Gleitfläche. — Misch- und Grenzreibung. — Vergleich der Theorie mit der Erfahrung. — Berechnung der Gleitlager. — V. Wälzlager. — Lagerarten. — Tragfähigkeit und Lebensdauer. Einbauregeln. — Reibung und Schmierung. — VI. Reibgetriebe zur Übertragung der Drehbewegung. — Reibräder. — Riementrieb. — Seiltrieb. Reibkupplungen. — Mechanische Bremsen. — VII. Zahnräder. Stirnräder für parallele Wellen. Räder für nicht parallele Wellen. — Formgebung und Anordnung der Räder. — Umlaufgetriebe. — Schneckentrieb. — Kettentrieb. — VIII. Maschinengetriebe. — Einführung. — Das gerade Schubkurbelgetriebe. — Schubstangen und Geradführungen. — An- und Auslauf von Maschinen. — Erwärmung bei aussetzendem Betrieb. — Einrücken von Reibkupplungen. — IX. Rohrleitungen. — Normen. — Theoretische Grundlagen. — Versuchswerte. — Berechnung von Rohrleitungen. — Berechnung der Flanschverbindungen. — Dichtungen. — Schrifttum.

Seit dem Erscheinen der zweiten Auflage der „Vorlesungen über Maschinenelemente" im Jahre 1940, die sehr schnell vergriffen war, sind 10 Jahre vergangen. In diesem Zeitraum haben fast alle Elemente sich weiter entwickelt. Die neue Auflage bringt deshalb in fast allen Abschnitten Ergänzungen, so daß man von einer vollständigen Neubearbeitung sprechen muß. Äußerlich bringt dies der neue Titel „Berechnung der Maschinenelemente" zum Ausdruck, der darauf hinweist, daß der behandelte Stoff an vielen Stellen über den Rahmen der üblichen „Vorlesungen" hinausgeht.

Das Buch ist deshalb nicht nur für den Unterricht geeignet, sondern besonders auch für den praktisch tätigen Ingenieur.

Die maschinentechnischen Bauformen und das Skizzieren in Perspektive. Von Prof. Dipl.-Ing. *Carl Volk* †, Berlin. Neunte, unveränderte Auflage. Mit 100 Skizzen des Verfassers. VI, 50 Seiten. 1949. DM 3.60

Inhaltsübersicht, Würfel, Quader, Zylinder, Kegel. — Kugel, Drehkörper. — Führungsbestimmte Flächen. Schlichtlinienflächen. — Durchdringungen und Übergangsformen. — Zusammensetzen von Bauformen. — Schnittfiguren. — Aufbauendes Gestalten (Lösung konstruktiver Aufgaben). — Schlußbemerkungen. — Anhang.

Dampfkessel und Feuerungen. Ein Lehr- und Handbuch. Von Dr.-Ing. habil. *Arthur Zinzen*, Privatdozent an der Techn. Universität Berlin. Mit etwa 147 Abbildungen und etwa 45 Tafeln. Etwa 400 Seiten. (In Vorbereitung.)

III. Elektrotechnik

Energieübertragung mit Gleichstrom hoher Spannung. Von *Karl Baudisch*, Berlin Siemensstadt. Unter Benutzung von Arbeiten von *M. Bosch, E. Janetschke, E. Rolf, P. Schnecke*. Mit 199 Abbildungen. Etwa 320 Seiten. Etwa DM 30.—

Inhaltsübersicht: Einleitung. I. Das grundsätzliche Verhalten einer Gleichstromübertragung mit Stromrichtern: Die Spannungscharakteristik einer Gleichstrom-Konstantspannungsübertragung. — Übertragung bei gleichen Transformator-Leerlaufspannungen unter Berücksichtigung des Leitungswiderstandes. — Übertragung bei ungleichen Transformator-Leerlaufspannungen. — Zahlenbeispiel für eine Übertragung von 100 MW bei 400 kV über 1000 km. — Trittgrenze des Wechselrichters bei symmetrischer und unsymmetrischer Absenkung im gespeisten Netz. — II. Regelung der Übertragung bei langsam verlaufenden Änderungen der Betriebsgrößen: Frequenz und Spannungshaltung. — Belastungsart der Übertragung. — Regelung auf der Wechselrichterseite. — Regelung auf der Gleichrichterseite. — Regelung auf der Gleichrichterseite bei konstantem Strom bzw. Blindstrom. — Regelung auf der Gleichrichterseite und Kompoundierung der Wechselrichterseite. — III. Über die Stabilität eines Drehstromnetzes, das durch einen Wechselrichter gespeist wird: Takthaltung durch Synchronmaschinen. — Belastung des Wechselrichters durch synchrone und Ohm'sche Verbraucher, Takthaltung durch Synchronmaschine. — IV. Schaltung der Gleich- und Wechselrichter: Die Beanspruchung der Stromrichtergefäße. — Die Stromrichtertransformatoren. — Die Spannungsbeanspruchung innerhalb der Brückenschaltung. — Die Brückenschaltung. — V. Stromrichter: Die Ausgangsbasis für die Entwicklung von Quecksilberdampf-Höchstspannungs-Stromrichtern. — Einanodige Quecksilberdampf-Höchstspannungs-Stromrichter. — Aufbau der Stromrichtergerüste und Hilfsbetriebe. — Die Gittersteuerung für die Stromrichter. — Mehranodige Quecksilberdampf-Höchstspannungs-Stromrichter. — Die Reihenschaltung gleichzeitig kommutierender Gefäße. — Der Lichtbogen-Stromrichter. — VI. Die Leitungen: Freileitungen. — Kabel. — VII. Das Schaltproblem: Die Zwangskommutierung der Stromrichter. — Die Wirkungsweise des Kondensatorschalters. — Der Reihenkondensatorschalter. — Der Parallelkondensatorschalter. — VIII. Versuchsanlagen: Versuchsfeldanlagen. — Versuchsübertragungsanlagen. — IX. Anordnung der Stromrichterstationen. — Literaturverzeichnis. — Sachverzeichnis.

Die industrielle Entwicklung hat den Bedarf an elektrischer Energie weiter anwachsen lassen. Das Drehstromsystem als Übertragungssystem dürfte aber bald an der Grenze seiner Leistungsfähigkeit für Fernübertragung angelangt sein.

Beim Studium anderer Übertragungssysteme zeichnete sich die Möglichkeit einer Weitübertragung mit Gleichstrom als die aussichtsreichste Hochspannungsübertragung der Zukunft ab. Die bisherigen Ergebnisse der in den letzten Jahren auf diesem Gebiet geleisteten Arbeiten sind von solcher Bedeutung, daß ein zusammenfassender Bericht von allgemeinem Interesse sein wird. Er zeigt, welchen Stand die Entwicklung der Gleichstromübertragung erreicht hat, um weitere Kreise mit deren Eigenheit vertraut zu machen und zu einer Klärung der noch zahlreichen offenen Fragen anzuregen.

Elektrische Kontakte und Schaltvorgänge. Grundlagen für den Praktiker. Von Prof. Dr. *Walther Burstyn*. Dritte, verbesserte und erweiterte Auflage. Mit 82 Abbildungen. Etwa 104 Seiten. 1950. (In Vorbereitung.)

Abriß der Dauermagnetkunde. Von Dr.-Ing. *Johannes Fischer*, o. Professor an der Technischen Hochschule Karlsruhe. Mit 175 Abbildungen. VIII, 240 Seiten. 1949. DM 36.—, Ganzleinen DM 39.—

Dieses Buch verfolgt das Ziel, eine quantitative Beschreibung der magnetischen Felder, Zustände, Vorgänge und Eigenschaften zu geben, die bei der Anwendung von Dauermagneten auftreten, um damit die Mittel für die Gestaltung und Vorausbestimmung dauermagnetischer Geräte darzustellen. Sein Inhalt ist daher weder allein eine Formenlehre der magnetostatischen Felder, noch ausschließlich eine Sammlung von Zahlenwerten und Eigenschaften und eine Technologie der Dauermagnetbaustoffe, auch nicht nur eine Wiedergabe oder Weiterführung der mikrophysikalischen Theorie des Ferromagnetismus. Aber aus allen Gebieten ist das beigezogen, was dazu dienen kann, dem genannten Ziel näher zu kommen.

[Abriß der Dauermagnetkunde.]
Inhaltsübersicht: Einführung. A. Grundgrößen: ihre Begriffsbestimmungen, Meßverfahren, Beziehungen, Einheiten. Die magnetische Wirkung elektrischer Leitungsströmung; magnetische Feldstärke; Durchflutungsgesetz. — Die elektrische Wirkung magnetischer Flußänderung; magnetische Flußdichte oder Induktion; Induktionsgesetz. — Meßverfahren und Meßgeräte. — Definition und Meßverfahren bei Materie im Feldraum: Permeabilität, Suszeptibilität, Magnetisierung, magnetometrische Messungen; Verhalten des Feldes an Grenzflächen; Energiebeziehungen. — Maßsysteme, Formen der Gleichungen, Einheiten, Umrechnungen. — B. Magnetische Eigenschaften der Stoffe, besonders der eisenartigen: Beschreibung, Messung, Deutungen, Folgerungen und Anwendungen. Die Identität von Elementarmagnet und Elementarstrom. — Deutung der diamagnetischen und paramagnetischen Suszeptibilität. — Das magnetische Verhalten der eisenartigen Stoffe. — Berechnung des magnetischen Kreises nach dem Durchflutungsgesetz und nach dem Verfahren des Zusatzfeldes. — Dauermagnet und Elektromagnet in elementarer Darstellung; Feldvektoren und Energieverhältnisse. — C. Beschreibende Theorie und Vorausberechnung der Dauermagnete. Remanente und permanente Magnete. Kennzeichnende Stoffeigenschaften. — Grundlagen der Berechnung von Dauermagneten. — Bestimmung der Streuung. — Anwendungen und Beispiele. — Theorie und Anwendung der permanentmagnetischen Zustandskurven. — Die Zustandskurven remanenter Magnete als Kurven zweiten Grades. — D. Magnetbaustoffe. Zusammenhang der mikrophysikalischen und makrophysikalischen Eigenschaften der eisenartigen Stoffe. — Ergebnisse der mikrophysikalischen Theorie. Folgerungen und Vergleiche mit der Erfahrung an Dauermagnetbaustoffen. — Eigenschaften der Dauermagnetbaustoffe, Zahlenwerte und Kurven. — Beispiele technischer Anwendungen und Gestaltungen. — E. Ergänzungen. Weiterentwicklung. — Hysteresis- und Wirbelstromerscheinungen bei Wechselmagnetisierung. — Normen und häufige Abkürzungen. — Namen- und Sachverzeichnis.

Erdungen in Wechselstromanlagen über 1 kV. Berechnung und Ausführung von Dr.-Ing. *Walther Koch*. Mit 51 Abbildungen. VII, 85 Seiten. 1948. DM 10.50

Das vorliegende Buch macht sich zur Aufgabe, die Mittel an die Hand zu geben, um Einrichtungen zum Schutze gegen Gefahren bei Erdschlüssen mit geringstem Zeitaufwand und ohne umständliche Rechnungen zu bemessen. Gleichzeitig will das Buch Erläuterungen zu den Vorschriften VDE 0141 für Erdungen in Wechselspannungsanlagen über 1 kV geben, um die Gedankengänge zu zeigen, die der Fassung dieser Vorschriften zugrunde liegen.

Inhaltsübersicht: Einleitung. — Der Erdschlußstrom (§ 6 VDE 0141). — Das Erdreich als Leiter elektrischer Ströme. — Erder (§ 3 VDE 0141). — Die Erdungen in Kraft- und Umspannwerken (§ VDE 0141). — Die Erden und Kurzschließen bei Arbeiten an elektrischen Anlagen (§ 19 VDE 0141). — Erden und Kurzschließen beim Arbeiten an elektrischen Anlagen (§ 19 VDE 0141). — Erden und Kurzschließen bei Freileitungen (§ 21 VDE 0141). — Schutzerdung bei Mastschaltern, Mastumspannstellen und Kabelendmasten (§ 16 VDE 0141). — Die Prüfung der Erdungsanlagen (§ 22 VDE 0141). — Anleitung zur Berechnung von Erdungen. — Schrifttum. — Sachverzeichnis.

Elektrische Starkstromanlagen. Maschinen, Apparate, Schaltungen, Betrieb. Kurzgefaßtes Hilfsbuch für Ingenieure und Techniker und zum Gebrauch an technischen Lehranstalten. Von Dipl.-Ing. *Emil Kosack*, Oberbaurat a. D., vorm. Direktor der Staatlichen Ingenieurschule in Hagen i. W. Elfte, durchgesehene Auflage. Mit 320 Textabbildungen. XII, 356 Seiten. 1950. DM 12.60, Ganzleinen DM 15.—

Die große Verbreitung des Buches, das auch in mehrere Fremdsprachen übertragen wurde, und die wohlwollende Beurteilung, die ihm zuteil wurde, beweist, daß es einem wirklichen Bedürfnis entspricht. An zahlreichen technischen Lehranstalten ist es als Lehrbuch eingeführt.

Ohne an dem allgemeinen Aufbau des Buches, dessen 10. Auflage seit längerer Zeit vergriffen ist, etwas zu ändern, hat der Verfasser die vorliegende Neuauflage einer eingehenden Durchsicht unterworfen. Dabei wurde, wie immer, dem augenblicklichen Stand der Vorschriften des VDE Rechnung getragen. Durch die Entwicklung der Elektrotechnik in der Nachkriegszeit bedingte Ergänzungen wurden eingearbeitet.

Schaltungsbuch für Gleich- und Wechselstromanlagen. Dynamomaschinen, Motoren und Transformatoren, Lichtanlagen, Kraftwerke und Umformerstationen. Ein Lehr- und Hilfsbuch von Dipl.-Ing. *Emil Kosack*, Oberbaurat a. D., vorm. Direktor der Staatlichen Ingenieurschule in Hagen i. W. Sechste, durchgesehene Auflage. Mit 306 Abbildungen. XII, 216 Seiten. 1948. DM 10.50

Bei der Herstellung der Schaltbilder und Pläne ist größte Übersichtlichkeit angestrebt worden. Ferner wurde darauf Wert gelegt, daß der Stromweg genau verfolgt werden kann. Daher sind z. B. die Maschinen im allgemeinen durch ihre Wicklung angedeutet und nicht nur durch die Klemmen. So dürfte auch dem Anfänger der Zusammenhang und das Zusammenarbeiten aller Teile verständlich gemacht sein.

[Schaltungsbuch für Gleich- und Wechselstromanlagen.]

Inhaltsübersicht: Schalter und Schutzeinrichtungen. — Lampenschaltungen. — Schaltung der Meßgeräte. — Elektrizitätswerke mit Gleichstrombetrieb. — Gleichstrommotoren. — Elektrizitätswerke mit Wechselstrombetrieb. — Umspanneranlagen. — Wechselstrommotoren. — Umformeranlagen. — Stromrichteranlagen. — Anlaß- und Regelsätze. — Anhang. — Deutsche Normen.

Einführung in die theoretische Elektrotechnik. Von Prof. *K. Küpfmüller*. Dritte, verbesserte und erweiterte Auflage. Mit 378 Textabbildungen. VI, 357 Seiten. (Neudruck 1948.) DM 18.—

In der ersten Auflage des Buches, die 1932 erschien, wurde erstmalig der Versuch unternommen, die wichtigsten theoretischen Grundlagen der gesamten Elektrotechnik, also der sogenannten Schwachstrom- und Starkstromtechnik, einheitlich darzustellen. Die Auffassung, daß eine gemeinsame „Sprache" der Schwachstrom- und Starkstromtechnik möglich und für den Fortschritt der Technik nützlich ist, hat seitdem wachsende Anerkennung gefunden; sie wird heute in der Literatur und an den technischen Hoch- und Fachschulen bereits weitgehend vertreten.

Inhaltsübersicht: Einleitung. — Der stationäre elektrische Strom. — Das elektrische Feld. — Das magnetische Feld. — Netzwerke und Kettenleiter. — Leitungen. — Rasch veränderliche Felder. — Elektromagnetische Ausgleichsvorgänge. — Anhang. — Sachverzeichnis.

Ein einheitliches Motorwähler-Fernsprechsystem für Orts- und Nahverkehr. Von *Max Langer*, Berlin. Mit 48 Abbildungen im Text. IV, 124 Seiten. 1948. DM 19.50

Einen wichtigen Fortschritt in den letzten 15 Jahren und einen bedeutenden Markstein in der Entwicklung der Wählertechnik stellt die Einführung des Motorwählers dar, der eine grundsätzlich neue Antriebsart in diese Technik hineinbrachte, indem die frühere harte Arbeitsweise durch eine vollkommen elastische ersetzt wurde. Durch den Motorwähler mit seiner Anpassungsfähigkeit wird aber nicht nur die Technik, sondern auch ihre Wirtschaftlichkeit auf eine ganz neue Grundlage gestellt.

Inhaltsübersicht: Die Vervollkommnung der Schrittwählersysteme. — Ein Motorwählersystem. — Der Antriebsmotor. — Steuerung des Motorwählers als Nummernempfänger. — Die zulässigen Abweichungen der Nummernschalter. — Der Aufbau der Wählerrahmen und die Gruppierung der AS und LW mit Spitzen- und Doppelbetriebswählern. — Die Schaltung der Vorwahlstufe mit der Teilnehmerschaltung. — Die Kettenschaltung der Anrufsucher. — Waagerechte oder senkrechte Anordnung der Wählerrahmen. — Der Staubschutz der Wählereinrichtungen. — Bedingungen eines neuzeitlichen, einheitlichen Wählersystems für den gesamten Fernsprechverkehr in den Ortsnetzen, Netzgruppen und Fernnetzen. — Die grundsätzlichen Wählerschaltungen. — Die Anpassungsfähigkeit des Motorwählers an die verschiedenen Forderungen der Praxis. — Zusammenfassung von Relais. — Verwendung von Steuerschaltern. — Zweiadriger Verkehr. — Umsteuerverkehr. — Zwischenverteiler. — Kreislaufschaltungen im Motorwählersystem. — Mehrfachausnutzung. — Die Einschaltung der MW im Orts- und Fernverkehr. — Gemeinsame oder getrennte Orts- und Fernleitungswähler. — Motorwähler im Fernverkehr. — Fernleitungs-Übertragungen. — Der Einfluß des Frittstromes auf den Kontaktwiderstand. — Der Betrieb und die Instandhaltung eines Motorwählersystems. — Zusammenfassung. — Sachverzeichnis. — Verzeichnis der Abkürzungen.

Die Elektrotechnik und die elektromotorischen Antriebe. Lehrbuch für technische Lehranstalten und zum Selbstunterricht. Von Dipl.-Ing. *Wilhelm Lehmann*, Professor an der Staatlichen Berufspädagogischen Akademie Hannover. Vierte Auflage. Mit 828 Textabbildungen und 128 Beispielen. V, 377 Seiten. 1948. DM 18.—

Der allgemeinen Einstellung der früheren Auflagen, die elektrischen Maschinen und Geräte nicht losgelöst, sondern im Rahmen ihres Verwendungsgebietes zu betrachten, bleibt auch die vorliegende Auflage treu. Es soll damit einerseits der Blick auf die Zusammenhänge und die Ganzheit der technischen Erscheinungen gelenkt und andererseits den technischen Schulen ein reicher Übungsstoff dargeboten werden.

In der vorigen Auflage wurde bereits allen wichtigen Neuerungen Rechnung getragen. Insbesondere wurden die Stromrichter und ihre Verwendung für die Motorsteuerung eingehender behandelt. Auch die Grundlagen des aussetzenden Betriebes wurden wesentlich eingehender dargestellt. Die Zahl der Beispiele wurde weiter erhöht.

Inhaltsübersicht: I. Der Magnetismus. — II. Die Elektrizität und ihre Anwendungen. — III. Der Wechselstrom. — IV. Der Drehstrom. — V. Die Lösung von Wechselstromaufgaben mit der symbolischen Methode. — VI. Elektrotechnische Meßkunde. — VII. Die Gleichstrommaschinen. — VIII. Die Einphasen- und Drehstromsynchronmaschinen. — IX. Die Transformatoren (Umspanner). — X. Die Asynchronmotoren. — XI. Die Stromwendermotoren für Enphasen- und Drehstrom. — XII. Die Umformer. — XIII. Die Stromrichter. — XIV. Das elektrische Kraftwerk. — XV. Die Übertragung elektrischer Arbeit. — XVI. Die Verteilung der elektrischen Energie. — XVII. Der elektromotorische Antrieb. — XVIII. Wichtige elektrische Antriebe. — Sachverzeichnis.

Fortleitung elektrischer Energie längs Leitungen in Starkstrom- und Fernmeldetechnik.
Von Dr.-Ing. *Werner zur Megede*, Oberingenieur der Siemens-Schuckertwerke A. G.
Mit 87 Abbildungen. VIII, 163 Seiten. 1950.							DM 13.50

Die moderne Starkstromtechnik umfaßt in zunehmendem Maße Anlageteile, die man früher der
Schwachstromtechnik zuordnete (Regel-, Steuer-, Feinmeßglieder usw.). Andererseits sind häufig
Fernmeldeanlagen kaum noch als Schwachstromanlagen zu bezeichnen. Außerdem beginnt die
Hochfrequenztechnik sich einen wichtigen Platz in der industriellen Verfahrenstechnik zu er-
obern. Hieraus ergibt sich die Aufgabe, die Fortleitung elektrischer Energie längs Leitungen zu-
sammenfassend zu behandeln. In den ersten Kapiteln wird das Allgemeine der drahtgebundenen
Übertragung dargelegt. Dabei finden die Eigenarten der Anwendungsgebiete Berücksichtigung.
Die anschließenden Kapitel sind den Anwendungen selbst gewidmet und umreißen die Merkmale
der jeweils typischen Aufgaben. Ein Anhang bringt theoretische und mathematische Hilfsmittel.

Inhaltsübersicht: Einleitung: Die Drahtleitung. — I. Allgemeine Beziehungen. — II. Die Leitungskon-
stanten. — III. Die Übertragungskonstanten. — IV. Reflexionen und reflexionsfreier Betrieb. — V. Die
Energieverteilung im Raum. — VI. Inhomogene Leitungen. — VII. Starkstromleitungen. — VIII. Fern-
meldeleitungen. — IX. Die Drahtleitung als Schwingkreis und HF-Energieleitung. — X. Folgerungen aus
den Leitungsgleichungen für die Meßtechnik. — Anhang. XI. Rechnerische und theoretische Hilfsmittel. —
Tafeln der Exponential- und Hyperbelfunktionen. — Sachverzeichnis.

Elektrotechnisches Praktikum. Für Laboratorium, Prüffeld und Betrieb. Von Professor Dr.-Ing. *Franz Moeller*, Technische Hochschule Braunschweig. Mit 195 Ab-
bildungen. VIII, 311 Seiten. 1949.							DM 18.—, Halbleinen DM 20.—

Das Buch gibt Studierenden Anleitung zu elektrotechnischen Versuchen. Alle Beschreibungen
sind aber so gehalten, daß sie auch unmittelbar in Laboratorien, Prüffeldern und im Betrieb der
Industrie, in Forschungsstätten usw. verwendet werden können. Es finden sich bei den meisten
Versuchen Angaben über bestimmte Gerätezusammenstellungen unter der Spitzmarke „Geräte-
vorschläge für das Studienpraktikum", um dort, wo es nur auf das Durcharbeiten der Methode
ankommt, einen erprobten Anhalt für zweckmäßige Auswahl zu geben.

Inhaltsübersicht: Das Messen. — Messung von Stromstärke und Spannung. — Messung von Leistung und
Arbeit. — Messung von Widerstandsgrößen des Gleich- und Wechselstromkreises. — Magnetische Mes-
sungen. — Elektrische Temperaturmessung und Elektrowärme. — Untersuchungen an verschiedenen
Geräten. — Maschinen. — Untersuchungen. — Messungen an Leitungen und Netzen. — Verschiedene
Messungen. — Anhang. — Sachverzeichnis.

Die Prüfung elektrischer Maschinen. Von Professor Dipl.-Ing. *W. Nürnberg.* Zweite,
durchgesehene Auflage. Mit 219 Abbildungen. VII, 355 Seiten. 1948.							DM 24.—

Die eingehende Darstellung der Versuche bei der Prüfung elektrischer Maschinen unter besonderer
Berücksichtigung ihrer Wirkungsweise ist der Zweck des vorliegenden Buches. Behandelt werden
die Transformatoren, die Asynchron-, Synchron- und Gleichstrommaschinen, der Einankerumformer und die Kommutatormaschinen für Ein- und Mehrphasenstrom. Bei letzteren finden
die immer stärker an Bedeutung gewinnenden Nebenschlußmotoren der ständer- und der läufer-
gespeisten Bauart eine besonders ausführliche Darstellung. Von den Sonderausführungen der
Asynchronmaschine sind im einzelnen behandelt die polumschaltbare Maschine, der Einphasen-
motor, der Asynchrongenerator, der Periodenwandler, die synchronisierte Maschine, die elektrische
Welle, der Drehregler und die Maschinen mit Drehzahl- und Phasenregelung. Die Gleichstrommotoren und Generatoren sind mit allen gebräuchlichen Anordnungen des Erregerkreises beschrieben. Bei der Synchronmaschine sind auch jene Versuche und Berechnungsformeln angegeben, die die Bestimmung der zahlreichen charakteristischen Werte, wie z. B. der Reaktanzen
in Längs- und Querachse für das mitläufige, das gegenläufige und das Nullsystem oder der Eigen-
schwingungszahlen u. a., erlauben. Der Einankerumformer erfährt die ihm als interessante, immer
noch wichtige Maschine gebührende ausführliche Behandlung.

Inhaltsübersicht I: Die allgemeine Maschinenprüfung. — Die Widerstandsmessung. — Isola-
tionsfestigkeit. — Wickelsinn und Wickelachse. — Der Leerlaufversuch. — Der Belastungsversuch. — Der
Kurzschlußversuch. — Der Hochlaufversuch. — Der Auslaufversuch. — Der Wirkungsgrad. — Die Belastungsver-
fahren. — Die Pendelmaschine. — Die Drehmoment-Drehzahlkennlinien der Antriebs- und der Belastungs-
maschinen. — II: Die besondere Maschinenprüfung. — Der Transformator. — Die Asynchron-
maschinen. — Die Synchronmacshinen. — Die Gleichstrommaschinen. — Der Einankerumformer. — Die Ein-
und Mehrphasenkommutatormaschinen. — III: Die Meßgeräte und Verfahren. — Die Messung
der elektrischen Größen. — Die Messung der mechanischen Größen. — Formelanhang. — Sachverzeichnis.

Registrierinstrumente. Von Oberingenieur *Albert Palm.* Mit etwa 200 Abbildungen.
Etwa 160 Seiten. 1950.							(In Vorbereitung)

Elektrische Meßgeräte und Meßeinrichtungen. Von *Albert Palm*, Oberingenieur. Dritte, neubearbeitete Auflage. Mit 232 Abbildungen im Text und 7 Tafeln. XI, 284 Seiten· 1948.   DM 21.—

In der vorliegenden Neubearbeitung wurden Ergänzungen und Berichtigungen vorgenommen und zwei neue Kapitel „Elektrizitätszähler" und „Meßeinrichtungen mit Elektronenröhren" eingefügt. Der Kreis der Hersteller und Benutzer von Zählern ist zwar ein anderer als der von Meßinstrumenten. Trotzdem wurde eine kurze Beschreibung der Zähler vermißt, besonders für den Gebrauch des Buches für Unterrichtszwecke. Dieser Wunsch ist jetzt erfüllt. Die Elektronenröhre spielt heute in der elektrischen Meßtechnik eine so große und wichtige Rolle, daß ein besonderes Kapitel zweckmäßig erschien.

Inhaltsübersicht: Erster Teil: Die Meßgeräte. — I. Drehspul-Meßgeräte. II. Kreuzspul-Meßgeräte mit Dauermagnet. III. Drehmagnet-Meßgeräte. IV. Dreheisen-Meßgeräte. V. Elektrodynamometer. VI. Induktions-Meßgeräte. VII. Thermische bzw. Hitzdraht-Meßgeräte. VIII. Elektrostatische Meßgeräte. IX. Vibrationsmeßgeräte. X. Kontakt- und Regelgeräte. XI. Schreibende Meßgeräte. XII. Elektrizitätszähler. XIII. Vor- und Nebenwiderstände. XIV. Meßwandler. XV. Zusammenstellung von Angaben über elektrische Meßgeräte. — Zweiter Teil: Die elektrischen Meßeinrichtungen. XVI. Präzisions-Meßwiderstände. XVII. Induktivitäten und Kapazitäten. XVIII. Meßbrücken. XIX. Kompensatoren. XX. Meßeinrichtungen mit Elektronenröhren. XXI. Hochspannungsmeßeinrichtungen. XXII. Anzeigende Widerstandsmeßeinrichtungen. XXIII. Magnetische Meßeinrichtungen. XXIV. Temperaturmeßeinrichtungen. XXV. Fernmeßeinrichtungen. XXVI. Verschiedenes. — Namen- und Sachverzeichnis.

Elektrische Messung mechanischer Größen. Von Dr.-Ing. *Paul M. Pflier*. Dritte, erweiterte Auflage. Mit 308 Abbildungen. VI, 256 Seiten. 1948.   DM 30.—

Die elektrischen Meßgeräte und Meßverfahren dienen nur in beschränktem Umfang der Messung elektrischer Größen als Selbstzweck, weitaus häufiger ist die elektrische Größe nur ein Maßstab für andere, nichtelektrische Werte. Die ungeheure Ausdehnung dieses Gebietes und die großen Vorzüge elektrischer Messung haben den Verfasser ermutigt, in der vorliegenden Arbeit die Möglichkeiten der Umwandlung mechanischer Größen in elektrische und der mechanischen Beeinflussung elektrischer Stromkreise erschöpfend zu behandeln.

Inhaltsübersicht: A. Grundlagen der elektrischen Messung: I. Vorzüge elektrischer Meßgeräte. II. Die Maßstabeigenschaften der elektrischen Meßgeräte. — B. Umwandlung mechanischer in elektrische Größen: I. Physikalischer Zusammenhang zwischen mechanischen und elektrischen Eigenschaften. II. Erzeugung einer elektrischen Größe durch eine mechanische. III. Mechanische Beeinflussung eines elektrischen Stromkreises. — C. Meßverfahren: I. Wegmessung. II. Kraftmessung. III. Geschwindigkeitsmessung. IV. Messung von Beschleunigungen, Schwingungen und Erschütterungen. V. Zeitmessung. — Schrifttum. Namenverzeichnis. Sachverzeichnis.

Kurzes Lehrbuch der elektrischen Maschinen. Wirkungsweise, Berechnung, Messung. Von *Rudolf Richter*. Mit 406 Abbildungen im Text. XII, 386 Seiten. 1949.

Gebunden DM 25.50

Bei aller Kürze war der Verfasser bemüht, den Leser in die wissenschaftlichen Grundlagen der elektrischen Maschinen einzuführen und ihn mit der q u a n t i t a t i v e n Berechnung der Maschinen und ihrem Verhalten vertraut zu machen. Wer sich nicht mit den allgemeinen Grundlagen in diesem Buche befassen und sich nur mit der einen oder anderen Maschinenart beschäftigen will, kann gleich mit dem Studium dieser Maschinenart (z. B. dem Transformator, Abschnitt IV) beginnen und nachträglich auf die einführenden Abschnitte zurückgreifen, auf die bei Behandlung der einzelnen Maschinenarten hingewiesen wird. In den Abschnitten I B, C und D (Seite 18—41) wird das Verhalten aller Maschinenarten kurz erläutert.

Inhaltsübersicht: I. Einführung. — A. Magnetische und elektrische Begriffe und Gesetze. — B. Stromerzeugung. — C. Kraftübertragung. — D. Umformung. — II. Die Ankerwicklungen. — A. Gleichstrom-Ankerwicklungen. — B. Wechselstromwicklungen. — C. Isolierung. — III. Berechnungsgrundlagen. — A. Die induzierte EMK. — B. Die Felderregerkurve. — C. Drehmoment und Ausnutzung des Ankermantels.— D. Die elektromagnetischen Eigenschaften des Eisens. — E. Magnetische Kennlinie bei Leerlauf. — F. Die Verluste. — G. Die Blindwiderstände. — H. Ortskurven. — I. RET und REM. — IV. Transformator. — A. Grundsätzlicher Aufbau. — B. Betriebsverhalten. — C. Sonderschaltungen. — D. Magnetisierungserscheinungen. — E. Streuungserscheinungen. — F. Entwurf. — G. Messungen. — V. Induktionsmaschine. — A. Grundsätzlicher Aufbau. — B. Der Drehtransformator. — C. Wirkungsweise der mehrphasigen Induktionsmaschine. — D. Anlaufschaltungen. — E. Drehzahlregelung. — F. Einphasenmaschine. — G. Entwurf. — H. Messungen. — VI. Synchronmaschine. — A. Grundsätzlicher Aufbau. — B. Ankerrückwirkung. — C. Die selbständige mehrphasige Synchronmaschine. — D. Die mehrphasige Synchronmaschine am Netz mit fester Spannung. — E. Einphasenmaschine. — F. Entwurf. — G. Messungen. — VII. Die Gleichstrommaschine. — A. Grundsätzlicher Aufbau. — B. Ankerrückwirkung. — C. Stromwendung. — D. Der magnetische Kreis der Wendepole. — E. Betriebseigenschaften der Generatoren. — F. Betriebseigenschaften der Motoren. — G. Entwurf. — H. Messungen. — VIII. Einankerumformer. — A. Übersetzungen, Stromwärme. — B. Ankerrückwirkung, Stromwendung, Spannungsverlust. — C. Betrieb des Umformers.

Elektrische Maschinen. Von *Rudolf Richter*.

Fünfter Band: Stromwendermaschinen für ein- und mehrphasigen Wechselstrom.
Regelsätze. Mit 421 Textabbildungen. XIV, 642 Seiten. 1950. Ganzleinen DM 49.50

Der V. Band, mit dem das Sammelwerk der Elektrischen Maschinen abschließt, behandelt die einphasigen (Abschn. I) und die mehrphasigen (II) Maschinen mit Stromwender sowie die Regelsätze mit Induktionsmaschine als Vordermaschine (III).
In den einleitenden Abschnitten I A und II A wird zunächst der Läufer mit Stromwender im Wechselfelde und im Drehfelde besprochen. Dabei werden die Grundlagen für das Verhalten und die Berechnung der Maschinen behandelt. Die nächsten Abschnitte sind dann den verschiedenen Maschinenarten gewidmet. Es folgen Untersuchungen über Selbsterregung und schließlich, wie in den übrigen Bänden, Abschnitte über die experimentelle Untersuchung und den Entwurf. Besondere Berücksichtigung findet die Funkenunterdrückung sowohl in den einführenden Abschnitten A als auch bei Betrachtung der verschiedenen Maschinenarten.

Erster Band: Allgemeine Berechnungselemente. Die Gleichstrommaschine.
Mit 453 Textabbildungen. X, 630 Seiten. 1924. Neudruck 1950. (In Vorbereitung.)

Es werden die für alle elektrischen Maschinen und Transformatoren maßgebenden magnetischen, elektrischen und thermischen Vorgänge untersucht und die grundlegenden Berechnungen angegeben. Wirkungsweise und Entwurf der Gleichstrommaschinen werden dann eingehend behandelt.

Das Elektrostahlverfahren. Ofenbau, Elektrotechnik, Metallurgie und Wirtschaftliches.
Nach *F. T. Sisco*, „The Manufacture of Electric-Steel", umgearbeitet und erweitert
von Dr.-Ing. *Heinz Siegel*. Zweite, umgearbeitete und erweiterte Auflage. Mit etwa
125 Textabbildungen, etwa 524 Seiten. 1950. (In Vorbereitung.)

Eine knappe, zusammenfassende Darstellung des Arbeitsverfahrens selbst und seiner metallurgischen Grundlagen. Eingangs werden die verschiedenen Betriebs- und Bauarten der Elektrostahlöfen besprochen einschließlich Energieverbrauch und Energieverlustquellen. Den Hauptteil des Buches bildet die Untersuchung der metallurgischen Vorgänge, den Schluß bilden Betrachtungen über die Selbstkosten im Stahlwerk.

Praktische Stabilitätsprüfung mittels Ortskurven und numerischer Verfahren. Von Dr.
Felix Strecker. Mit 101 Textabbildungen. Etwa 230 Seiten. 1950. (In Vorbereitung.)

Zu dem besonders in der Nachrichten- und Regeltechnik aktuellen Thema der Selbsterregung Pfeifsicherheit und Stabilitätsgüte ist für den praktischen Laboratoriumsingenieur der neueste Stand zusammengefaßt. Nach kurzer Einführung wird eine Anweisung zur Handhabung gebracht („Rezeptsammlung"), die vielseitige und sichere Untersuchungen ermöglicht; insbesondere werden zeichnerische und numerische Verfahren ausgebaut. Unter den Beispielen werden vor allem die „Pegelwandler" (nichtlineare frequenzumsetzende Regler usw.) interessieren.

Einführung in die Theorie der Schwachstromtechnik. Von Dr. phil. *Julius Wallot*,
Honorarprofessor an der Technischen Hochschule Karlsruhe. Fünfte, verbesserte
Auflage. Mit 417 Textabbildungen. X, 458 Seiten Gr.-8°. 1948.
DM 31.50, Halbleinen DM 35.—

... Der Name *Wallot* bürgt für Qualität. Der Verfasser ist einer der eifrigsten Befürworter des Systems der Größengleichungen. Jede Formel, die in diesem Buche zur praktischen Rechnung herangezogen wird, enthält die Angabe der Einheiten, in denen die Zahlenwerte einzusetzen sind. Das Buch ist das eigentliche Standardwerk der Schwachstromtechnik in deutscher Sprache. Es umfaßt sozusagen alles, womit sich der Fernsprech-Ingenieur in der Praxis beschäftigen muß. Zur Vertiefung in Spezialgebiete sind die entsprechenden Literaturhinweise vorhanden. Die fünfte Auflage unterscheidet sich nur unwesentlich von der vorangegangenen... Das Buch darf als außerordentlich nützliches Lehrbuch und Nachschlagwerk jedem theoretisch interessierten Fernsprechtechniker empfohlen werden.
(Bulletin des Schweizerischen Elektrotechnischen Vereins.)

Inhaltsübersicht: Gleichstromschaltungen. — Elektrische Felder. — Magnetische Felder. — Wechselstromschaltungen. — Schaltvorgänge. — Vierpole. — Transformatoren. — Gleichmäßige Leitungen. — Pupinleitungen. — Einfluß benachbarter Leitungen. — Grundbegriffe der Elektroakustik. Röhrenverstärker. Rückkopplung. — Nachbildungen und verwandte Kunstschaltungen. — Wellenfilter. — Allgemeinere Theorie der Schaltvorgänge und der Verzerrungen in linearen Systemen. — Frequenzumsetzung. — Die Übertragung von Nachrichten auf große Entfernungen.

IV. Bauwesen

Die Statik im Stahlbetonbau. Ein Lehr- und Handbuch der Baustatik. Von Dr.-Ing.
Kurt Beyer, o. Professor an der Technischen Hochschule Dresden. Zweite, vollständig neubearbeitete Auflage. Berichtigter Neudruck. 1948. Mit 1372 Abbildungen
im Text, zahlreichen Tabellen und Rechenvorschriften. XII, 804 Seiten. 1948.
Gebunden DM 66.—

Der Umfang des Fachgebietes verlangt straffe Zusammenfassung des Textes. Er ist daher weitgehend gegliedert worden, um in Verbindung mit einheitlichen, sinngemäßen Bezeichnungen
Übersicht, Studium und Handgebrauch zu erleichtern. Die zahlreichen Literaturangaben dienen
im wesentlichen zum Studium auf breiterer Grundlage.
Um die verständnisvolle Anwendung der Theorie und damit den Handgebrauch des Werkes zu
erleichtern, sind zahlreiche Beispiele aus dem Bauwesen eingeschaltet und zum Teil als Zahlenrechnung vollständig gelöst worden. Auf diese Weise entstehen brauchbare Rechenvorschriften,
welche den Weg zwischen Ansatz und Ergebnis festlegen und abkürzen. Sie werden durch eine
große Zahl von Tabellen ergänzt, deren Inhalt für die einfache und zuverlässige Zahlenrechnung
eingerichtet ist und daher die Bearbeitung statischer Untersuchungen erleichtert.
Inhaltsübersicht: I. Die Grundlagen der Baustatik. — II. Das statisch bestimmte Stabwerk. — III. Die
Formänderung des ebenen Stabzuges. — IV. Stütz- und Schnittkräfte statisch unbestimmter Stabwerke.
A. Die Berechnung durch Elimination der Komponenten des Verschiebungszustandes. B. Die Berechnung
durch Elimination der Schnittkräfte. — V. Anwendung der Theorie auf die im Bauwesen viel verwendeten
Stabwerke. — VI. Die Flächentragwerke. A. Die Platten. B. Die Scheiben. C. Die Schalen. — Verzeichnis
der Zahlenbeispiele und Rechenvorschriften. — Sachverzeichnis.

Forschungshefte aus dem Gebiete des Stahlbaues. Herausgegeben vom Fachverband
Stahlbau. Deutscher Stahlbau-Verband, Bad Pyrmont. Schriftleitung: Professor
Dr.-Ing. *Kurt Klöppel*, Technische Hochschule Darmstadt.

**Heft 7: Über den Einfluß hochfester Stähle auf Gewichtsersparnis und Bauart im
Stahlbrückenbau.** Von Dr.-Ing. *Otfried Erdmann*, Aschaffenburg. Mit 28 Abbildungen
im Text. Etwa 100 Seiten. 4°. Etwa DM 14.—

Inhaltsübersicht: Einführung. — Entwicklung und Verwendung hochfester Baustähle. — Zweck und An-
lage der vorliegenden Arbeit. — Allgemeine Berechnungsgrundlagen für die Vergleichsentwürfe. — I. Teil:
Vollwandträger. — A. Theoretische Gewichtsformeln. — B. Die Bauziffer α und die Zuschlagziffer ζ. —
C. Grundsätzliches über die Ausbildung des vollwandigen Trägers. — D. Die Gewichtsersparnis. — II. Teil:
Fachwerkbrücken. — A. Theoretische Gewichtsformeln. — B. Die Bauziffer. — C. Wahl der Trägerhöhe. —.
D. Die Gewichtsersparnis durch hochfesten Stahl. — Folgerungen für die praktische Anwendung. — Zu-
sammenfassung.

Kein anderes Problem des Stahlbaues zeigte in den letzten Jahrzehnten eine so stürmische Ent-
wicklung wie die Baustofffrage und die eng damit zusammenhängende Frage der Schweißung.
Zweck der vorliegenden Arbeit ist es, den Einfluß der Stahlart auf das Gewicht und damit die Er-
sparnismöglichkeit durch Anwendung hochfester Baustähle gegenüber dem ST 37 klarzustellen.
Weil die jüngste Entwicklung in der Stahlerzeugung die Stahleinsparung ohne Rücksicht auf die
Kostenfrage in den Vordergrund stellt, soll ein Baustahl mit besonders hoher Streckgrenze in die
Betrachtungen einbezogen werden, wodurch gleichzeitig Vorteile und Nachteile bei der Anwendung
hochfester Stähle allgemein schärfer beleuchtet werden.
Weiter verfolgt die Arbeit den Zweck, allgemeingültige Formeln für das Gewicht und die Bauziffer
von Vollwandträgern zu entwickeln und zweckmäßige Abmessungen für diese Träger vorzuschlagen,
was systematische Untersuchungen über den Zusammenhang zwischen Trägerhöhe, Stahlart und
Gewicht ermöglicht. Schließlich sollen Vorschläge für die Ergänzung und Abänderung der vor-
handenen empirischen Gewichtsformeln für Bahnbrücken gemacht werden.

Die Eigenschaften des Betons. Versuchsergebnisse und Erfahrungen zur Herstellung
und Beurteilung des Betons. Von *Otto Graf*, o. Professor an der Technischen Hochschule
Stuttgart, Direktor des Instituts für Bauforschung und des Instituts für technische

[Die Eigenschaften des Betons.]

Holzforschung. Mit 359 Abbildungen und 63 Zahlentafeln. XII, 318 Seiten. 1950.
Ganzleinen DM 36.—

Die Entwicklung der Grundlagen für die Herstellung von Zementmörtel und von Beton mit bestimmten Eigenschaften begann in Deutschland wenige Jahre vor dem ersten Weltkrieg; die Erkenntnisse, mit denen heute gearbeitet wird, entstanden nach dem Jahre 1918. Bei diesen Untersuchungen handelt es sich zunächst um den Einfluß des Wassergehalts des Betons. Man fand dabei, daß der Wassergehalt des Zementbreies entscheidend ist, daneben ließ sich der zugehörige Einfluß der Kornzusammensetzung des Betons umschreiben...
Das vorliegende Buch enthält eine systematische Darstellung der Eigenschaften des Betons und der zugehörigen Erkenntnisse, vornehmlich aus eigenen Beobachtungen entwickelt.

Inhaltsübersicht: A. Die zeitliche Entwicklung der grundlegenden Erkenntnisse über den Aufbau des Zementmörtels und des Betons. — B. Eigenschaften der Zemente, die beim Aufbau des Betons zu beachten sind. Die Beziehungen der Eigenschaften des Prüfmörtels und des Betons. — C. Eigenschaften der Zuschlagstoffe, die beim Aufbau des Betons allgemein oder in besonderen Fällen zu beachten sind. Prüfung und Beurteilung dieser Eigenschaften. — D. Das Anmachwasser. — E. Über den Aufbau des Mörtels und des Betons im allgemeinen. — F. Über die Druckfestigkeit des Zementmörtels und des Betons. — G. Gesamte, bleibende und federnde Formänderungen des Betons bei Druckbelastung (Druckelastizität des Betons), die Zusammendrückbarkeit des Betons bis zum Bruch. — H. Zugfestigkeit und Biegezugfestigkeit des Betons. — I. Gesamte, bleibende und federnde Formänderungen des Betons bei Zugbelastung (Zugelastizität des Betons) und bei Biegebelastung. Verlängerungen des Betons bis zum Bruch beim Zugversuch und beim Biegeversuch. — K. Drehungsfestigkeit des Betons. Gesamte, bleibende und federnde Formänderungen des Betons bei Beanspruchung auf Drehung. — L. Über die Scherfestigkeit des Betons. — M. Abnutzwiderstand des Betons. — N. Wasserdurchlässigkeit des Zementmörtels und des Betons. Wasseraufnahme. Kapillarität. — O. Luftdurchlässigkeit des Betons. — P. Schwinden und Quellen des Zementmörtels und des Betons. — Q. Kriechen des Betons. — R. Wärmedehnung des Betons. — S. Wärmedurchlässigkeit des Betons. — T. Über den Widerstand des Zementmörtels und des Betons gegen chemische Angriffe. — U. Über die Wetterbeständigkeit des Betons. — V. Messen und Mischen der Bestandteile des Betons. — W. Die Verarbeitbarkeit des Betons, ihre Bedeutung, Prüfung und Beeinflussung. — X. Über die zweckmäßige Zusammensetzung des Betons beim Befördern und Verarbeiten, auch über das Verarbeiten, namentlich über das Stampfen, Rütteln und Anbinden des Betons. — Y. Leichtbeton. — Z. Beton aus Zement und Lehm. — AA. Zur Anwendung der Erkenntnisse. — Sachverzeichnis.

Chemie für Bauingenieure und Architekten.
Das Wichtigste auf dem Gebiet der Baustoff-Chemie in gemeinverständlicher Darstellung. Von Dr. *Richard Grün* †, Ehem. Professor an der Technischen Hochschule Aachen, Ehem. Direktor des Forschungsinstituts der Hüttenzementindustrie Düsseldorf. Vierte, umgearbeitete Auflage. Mit 65 Abbildungen. VIII, 212 Seiten. 1949.
DM 16.50

Denjenigen Teil der Chemie, der hier in Betracht kommt, gibt, ohne wissenschaftliche Probleme, ohne Abschweifung in die höhere Chemie und Physik, ohne imponierende und schwer verdauliche Formeln, aber mit dauernden Seitenblicken auf die Praxis, dieses Buch. Es ist ein Lehrbuch und ein Nachschlagewerk, vom Chemiker für den Bauingenieur geschrieben. Es will dem Architekten und dem Bauingenieur, die ja eigentlich eines sind, in ihrem schweren Beruf ein Ratgeber sein, beim Studenten aber Verständnis wecken für ein an unseren hohen Schulen oft stiefmütterlich behandeltes Gebiet, für die Bazustoffkunde. Denn ohne Kenntnis der Baustoffe kann man nicht bauen, und nur der baut richtig, der weiß, was er baut.

Inhaltsübersicht: A. Anorganische Baustoffe: I. Die Natursteine. II. Die Bindemittel. III. Kunststeine. IV. Ziegel- und Tonwaren. V. Eisen und Stahl. VI. Leichtmetalle. — B. Organische Baustoffe: I. Holz. II. Asphalt. Bitumen, Teer, Pech. III. Kunstharze, Kunststoffe, Kunstharzpreßmassen. IV. Dachpappe. V. Klebemittel. VI. Kitte. VII. Anstrichfarben und Schutzanstriche. — Schluß. — Über die Bezeichnung und Namengebung chemischer Verbindungen. — Verzeichnis der wichtigsten Fachzeitschriften und ihrer Abkürzungen. — Namen- und Sachverzeichnis.

Handbibliothek für Bauingenieure.
Begründet von *R. Otzen.*

I. Teil: 4. Band. *M. Näbauer,* Geh. Baurat, o. Professor an der Technischen Hochschule München. **Vermessungskunde.** Dritte, ergänzte und verbesserte Auflage. Mit 460 Abbildungen. X, 435 Seiten. 1949.
DM 36.—, Halbleinen DM 38.40

Dieses Buch wendet sich in erster Linie an jene Bauingenieure, die sich ernsthaft mit der Vermessungskunde befassen wollen. Ist diese schon dem im Inland tätigen Bauingenieur unentbehrlich, weil er selbst Vermessungsarbeiten auszuführen hat, so ist sie es erst recht für alle, die im Ausland zu arbeiten haben. Ihnen steht im allgemeinen kein Vermessungsspezialist zur Seite und sie haben in kartographisch unbekannten Ländern häufig recht umfangreiche Vermessungen vollkommen selbständig durchzuführen.

Inhaltsübersicht: Elemente der Fehlertheorie. — Elemente der Instrumentenkunde. — Aufnahmearbeiten. — Planherstellung und Flächenberechnung. — Absteckungsarbeiten.

[Handbibliothek für Bauingenieure.]

II. Teil: 10. Band. *E. Neumann*, Professor Dr.-Ing. Stuttgart. **Der neuzeitliche Straßenbau. Aufgaben und Technik.** D r i t t e , völlig neu bearbeitete Auflage. Mit etwa 300 Abbildungen. Etwa 420 Seiten.   (In Vorbereitung.)

Alle den Straßenbau berührende Gebiete — das Kraftfahrzeug und die Linienführung von Kraftverkehrsstraßen, der Unter- und Oberbau, die Prüfung von Straßenbaustoffen, die Maschinen des Straßenbaues bis zu den Kraftfahrbahnen — haben eine erschöpfende Darstellung gefunden. Ein Hand- und Nachschlagebuch sowie sicherer Wegweiser für alle, die mit dem Straßenbau zu tun haben.

III. Teil: 7. Band. *G. Schroeder*, Prof. Dr.-Ing., Bielefeld. **Landwirtschaftlicher Wasserbau.** Z w e i t e , umgearbeitete Auflage. Mit etwa 372 Abbildungen. Etwa 500 Seiten. (In Vorbereitung.)

IV. Teil: 1. Band. *Walther Kaufmann*, Dr.-Ing. habil., o. Professor an der Technischen Hochschule München. **Statik der Tragwerke.** Dritte, ergänzte und verbesserte Auflage. Mit 364 Abbildungen. VIII, 314 Seiten. 1949.   DM 25.50

Bereits im Vorwort zur ersten Auflage des Buches wurde zum Ausdruck gebracht, daß damit einWegweiser geschaffen werden sollte, der sowohl dem Studierenden als auch dem praktisch tätigen Ingenieur bei der Berechnung von Bauwerken der verschiedensten Form Anhaltspunkte liefern und ihm über die Grundlagen der Theorie Aufschluß geben sollte. Diesem Ziel entsprach der gedrängte Inhalt des Buches, der sich auf das Wesentlichste beschränkt, ohne Anspruch auf eine erschöpfende Darstellung des ganzen Lehrgebietes zu erheben. Auch in der nunmehr vorliegenden dritten Auflage ist an diesem Gesichtspunkt festgehalten worden.

Inhaltsübersicht: Allgemeine Grundlagen. — Momente, Quer- und Normalkräfte an statisch bestimmten Stabwerken. — Ermittlung der Spannkräfte statisch bestimmter Fachwerke. — Die elastischen Formänderungen. — Theorie der statisch unbestimmten Systeme. — Statisch unbestimmte ebene Tragwerke.

Die Temperaturverteilung im Beton. Von Dr.-Ing. habil. *Kurt Hirschfeld*, o. Professor an der Technischen Hochschule Aachen. Mit 173 Abbildungen im Text und in einem Anhang, sowie 15 Zahlentafeln. IV, 154 Seiten. 1948.   DM 36.—

Das Buch befaßt sich mit der Bestimmung von Temperaturfeldern in Platte und Zylinder. Neben der theoretischen Behandlung der Wärmefragen für Platte und Zylinder wird hauptsächlich die praktische Anwendung für den Betonbau in den Vordergrund gestellt. Um dem schaffenden Ingenieur die Möglichkeit zu geben, auch ohne Durcharbeit des mathematischen Teils die in den Betonkörpern auftretenden Temperaturen schnell zu ermitteln, sind zahlreiche Kurventafeln entwickelt worden; ebenso wurde mit Zahlenbeispielen und Abbildungen nicht gespart.

Inhaltsübersicht: Einleitung. — Kurze Betrachtungen über Schwinden und chemische Aufheizung des Betons. — Kurze Betrachtungen über die periodischen Schwankungen der Lufttemperatur und ihre Einwirkung auf Körper größerer Dicke. — Wärmetheoretische Grundlagen der Temperaturverteilung in Körpern unter besonderer Berücksichtigung von Platten und Zylindern. — Chemische Aufheizung und Temperaturausgleich in Betonplatten ohne und mit Berücksichtigung einer zur Zeit $t = 0$ konstanten Übertemperatur… — Chemische Aufheizung und Temperaturausgleich in Betonvollzylindern ohne und mit Berücksichtigung einer zur Zeit $t = 0$ konstanten Übertemperatur . . . Temperaturfelder einer 3 m dicken Platte in Gegenüberstellung zu denen eines 3 m dicken Zylinders. — Beispiele für den Temperaturablauf in plattenförmigen und zylindrischen Körpern bei periodischen Schwankungen der Umgebungstemperatur. — Zusammenstellung der Kurventafeln für die praktische Rechnung.

Das Cross-Verfahren. Die Berechnung biegefester Tragwerke nach der Methode des Momentenausgleichs. Von Dr.-Ing. *Johannes Johannson*. Mit 18 Zahlenbeispielen und 137 Abbildungen. VI, 123 Seiten. 1948.   DM 14.40

Das *Cross*-Verfahren erfreut sich in den letzten Jahren bei allen Statikern einer stets wachsenden Beliebtheit. Bis jetzt fehlte eine Darstellung des Verfahrens in geschlossener Form. Vorliegende Abhandlung wurde deshalb von dem Grundgedanken her entwickelt, allen Fachkollegen, die das Verfahren aus Zeitschriftenbeiträgen kennen, eine Vertiefung ihres Wissens zu ermöglichen. Diejenigen, die mit dem *Cross*-Verfahren nicht vertraut sind, soll das vorliegende Buch mit einer der wichtigsten Neuerungen auf dem Gebiete der Statik der Stabwerke bekannt machen. Um die Lektüre möglichst einfach zu gestalten und ein Zurückgreifen auf heute nicht oft zur Verfügung stehende Werke zu vermeiden, werden als bekannt nur die Grundlagen des Kraftgrößenverfahrens vorausgesetzt.

Inhaltsübersicht: Die unverschieblichen Tragwerke. — Die verschieblichen Tragwerke. — Einflußlinien. — Veränderliche Trägheitsmomente.

Die Methoden der Rahmenstatik. Aufbau, Zusammenfassung und Kritik. Von Dr.-Ing. habil. *Otto Luetkens.* Mit 38 Abbildungen und 9 Zahlentafeln. VII, 281 Seiten. 1949. DM 33.—, Ganzleinen DM 36.—

Die vorliegende Arbeit bezweckt nicht nur eine Zusammenfassung der statischen Verfahren, sondern auch einen Ausgleich zwischen den beiden Anschauungen, wonach die Rahmenstatik einerseits in der Lösung algebraischer Gleichungen, andererseits in der Auslegung statisch-geometrischer Zusammenhänge besteht.

Der Umfang der Arbeit beschränkt sich bewußt auf die einfachen Rahmensysteme mit geraden Stäben von stabweise konstantem Trägheitsmoment und damit auf das praktische Bedürfnis für die Stabwerke im Hochbau. Der Hauptwert wurde nicht auf die Entwicklung „neuer" Methoden, sondern auf die gedankliche Zusammenfügung vorhandener Verfahren gelegt. Am Schluß dieses Buches befindet sich ein umfangreiches Schrifttumsverzeichnis.

Inhaltsübersicht Einleitung. — I. Grundlagen der Berechnung: A. Einführung einheitlicher Bezeichnungen. B. Beziehung zwischen Kräften und Formänderung. C. Aufstellung der Elastizitätsgleichungen. D. Auflösung der Elastizitätsgleichungen. E. Umordnung. — II. Beschreibung der statischen Verfahren: A. Daten des Systems der Vergleichsrechnung. B. Verfahren am Hauptsystem A. C. Verfahren am Hauptsystem B. D. Verfahren am Hauptsystem C. — III. Eignung der Verfahren: A. Betrachtung der Grundlagen. B. Schlußfolgerung auf die Berechnung der einzelnen Arten von Systemen. — IV. Literaturverzeichnis. — V. Anhang, Tafeln A 1 bis A 9.

Neuere Festigkeitsprobleme des Ingenieurs. Ausgewählte Kapitel. Von Prof. Dr.-Ing. *W. Flügge,* Standford (USA), Prof. Dr.-Ing. *R. Grammel,* Stuttgart, Prof. Dr.-Ing. *K. Klotter,* Karlsruhe, Prof. Dr.-Ing. *K. Marguerre,* Darmstadt, Prof. Dr.-Ing. *G. Mesmer,* Darmstadt. Herausgegeben von *K. Marguerre,* Professor der Mechanik an der Technischen Hochschule Darmstadt. Mit 120 Figuren. VIII, 253 Seiten. 1950. Ganzleinen DM 25.50

Obwohl es die Hauptabsicht des aus einer Ingenieur-Vortragsreihe hervorgegangenen Buches ist, der Ingenieurpraxis zu dienen, ist vieles „Prinzipielle" ausführlicher behandelt; denn die Verfasser sind der Überzeugung, daß eine fruchtbare Anwendung der Forschungsergebnisse auf die Dauer nur dem möglich ist, der sich mit den Grundgedanken wirklich auseinandergesetzt hat.

Inhaltsübersicht: I. Experimentelle Verfahren zur Bestimmung mechanischer Spannungen. Von Professor Dr. *G. Mesmer,* Darmstadt. — II. Die Grundbegriffe der Elastizitätslehre. Von Professor Dr. *K. Marguerre,* Darmstadt. — III. Die Festigkeit von Schalen. Von Professor Dr. *W. Flügge,* Stanford (USA). — IV. Schwingungserscheinungen im Bau- und Maschinenwesen. Von Professor Dr. *K. Klotter,* Karlsruhe. — V. Verfahren zur Lösung technischer Eigenwertsprobleme. Von Professor Dr. *R. Grammel,* Stuttgart. — VI. Knick- und Beulvorgänge. Von Professor Dr. *K. Marguerre,* Darmstadt. — Sachverzeichnis.

Stabilitätsprobleme der Elastostatik. Von Dr.-Ing. habil. *Alf Pflüger,* Professor an der Technischen Hochschule Hannover. Mit 389 Abbildungen. VIII, 339 Seiten. 1950. Ganzleinen DM 34.50

Die Stabilitätsprobleme der im Bauwesen und Maschinenbau als Konstruktionsteile verwendeten elastischen Körper bilden ein Sondergebiet der Statik, das in den letzten 10 bis 15 Jahren recht erheblich angewachsen ist.

Der Wunsch nach einer zusammenfassenden Darstellung aller dieser grundsätzlichen Fragen, die im bisherigen Buchschrifttum über Stabilitätsprobleme nur andeutungsweise und auch in der Zeitschriftenliteratur keineswegs lückenlos und leicht verständlich zu finden sind, war der Hauptgrund für die Abfassung des Buches. Es wird dementsprechend alles, was die beim Ansatz und bei der Lösung eines Problems anzuwendenden Methoden betrifft, möglichst erschöpfend und ausführlich dargestellt.

Inhaltsübersicht: Grundsätzliches über Stabilitätsprobleme. — Exakte Lösungen. — Kriterien für die Gleichgewichtsarten. — Zwei- und dreidimensionale Probleme. — Näherungsverfahren für Verzweigungsprobleme. — Gültigkeitsgrenzen des Näherungsverfahrens. — Näherungslösungen für Eigenwertprobleme. — Praktische Bedeutung der Stabilitätstheorie.

H. Rietschels Lehrbuch der Heiz- und Lüftungstechnik. Zwölfte, verbesserte Auflage. Von Prof. Dr.-Ing. *Heinrich Gröber,* Vorsteher der Versuchsanstalt für Heizungs- und Lüftungswesen an der Technischen Hochschule Berlin. Unter Mitarbeit von Dr. habil. *F. Bradtke.* Mit 317 Zahlentafeln und den Hilfstafeln I—VII. X, 399 Seiten. 1948. (Vergriffen.) Neudruck 1950 in Vorbereitung. Ganzleinen etwa DM 46.—

Außer einigen völligen neuen Aufgaben waren Ergänzungen der vorliegenden Auflage in vielen Abschnitten notwendig. Neben den rein technischen Fragen wurden in vermehrtem Maße auch wirtschaftliche Gesichtspunkte erörtert.

[H. Rietschels Lehrbuch der Heiz- und Lüftungstechnik.]
Inhaltsübersicht: I. Beschreibung der Heiz- und Lüftungsanlagen: Ofenheizung. Verwendung von Gas und Elektrizität. Zentralheizung. Die Warmwasserversorgung. Fernheizung. Lüftungsverfahren. — II. Grundlagen und Berechnungen: Physikalische Grundlagen für das Rechnen mit feuchter Luft. Meteorologisch-klimatische Grundlagen. Hygienische Grundlagen. Wirtschaftliche Grundlagen des Heizens. Wärmeübertragung. — Strömungsfragen. Die Berechnung von Rohrnetzen. Berechnung von Lüftungs-netzen. — III. Zahlentafeln: Wärmetechnische Werte. Wärmebedarfsrechnung. Rohrnetzberech-nungen. — Anhang: Regeln, Richtlinien und Normen. — Sachverzeichnis.

Technische Statik. Ein Lehrbuch zur Einführung ins Technische Denken. Von *Wilhelm Schlink*, Dipl.-Ing., D. Dr. phil., Professor an der Technischen Hochschule Darmstadt. Unter Mitarbeit von *Heinrich Dietz*, Dr.-Ing. habil. Dozent an der Technischen Hoch-schule Darmstadt. Vierte und fünfte Auflage. Mit 511 Abbildungen im Text. X, 431 Seiten. 1948.   **DM 27.60**

Das Buch ist im wesentlichen entstanden aus den Vorlesungen über Statik, die der Verfasser als ersten Teil der Technischen Mechanik an der Hochschule Darmstadt seit Jahren gehalten hat. Das Gebiet der Statik ist dabei sehr eng gefaßt: es werden lediglich starre Körper behandelt, während Spannungs- und Formänderungsbetrachtungen, die sonst in „Statik der Baukonstruk-tionen" oder „Baustatik" erörtert werden, fehlen. Aber ausführlich werden die inneren Einflüsse, Beanspruchungsgrößen, in den Konstruktionen gebracht. Erfahrungsgemäß machen diese Be-griffe und ihre Berechnungen bei Konstruktionen, die von der allgemein üblichen Form etwas ab-weichen, den Studierenden und auch Ingenieuren sehr oft Schwierigkeiten.

Inhaltsübersicht: Kräfte an dem gleichen Punkt. — Kräfte in der Ebene zerstreut. — Anwendung auf ebene gestützte Körper (Scheiben). — Das ebene Fachwerk und Gemischtsystem. — Zerstreute Kräfte im Raum. — Der durch Stäbe oder Lager abgestützte Körper. — Das Raumfachwerk und allgemeine Raumwerk.

Taschenbuch für Bauingenieure. Herausgegeben unter Mitarbeit namhafter Fach-männer von Prof. Dr.-Ing. *Ferdinand Schleicher*, Berlin. Mit 2403 Abbildungen. XXIII, 1942 Seiten. Berichtigter Neudruck. 1949. Auf Dünndruckpapier.   **Ganzleinen DM 36.—**

Die unvermindert anhaltende starke Nachfrage nach dem Taschenbuch veranlaßte den Verlag zur Herausgabe eines berichtigten Neudruckes der im Frühjahr 1943 erschienenen Auflage, um den Interessenten, vor allem den Studenten, das vielbegehrte Buch wieder zugänglich zu machen. Zweck und Ziele des Taschenbuches sind bekannt und bedürfen keiner Begründung mehr. Das Taschenbuch soll der studierenden Jugend sowie dem in der Praxis stehenden Bauingenieur vor allem als Nachschlagewerk dienen. Die Mitarbeit namhafter Fachmänner bürgt dafür, daß bei der Bearbeitung des Werkes auf klare Darstellung der Grundlagen Gewicht gelegt wurde und daß alle neuen Erkenntnisse und Erfahrungen berücksichtigt wurden. Wo dem Benutzer noch Ver-tiefung nötig erscheint, helfen ihm Schrifttumsangaben und Hinweise auf behördliche Bestim-mungen und DIN-Normen.

Inhaltsübersicht: Mathematik. Von Professor Dr. phil. *W. Rosemann*, Gronau in Hannover. — Mechanik starrer Körper. Von Professor Dr.-Ing. *F. Tölke*, Karlsruhe-Durlach. — Mechanik flüssiger Körper. Von Dr.-Ing. *R. Winkel*, o. Professor, Braunschweig. — Festigkeitslehre und Elastizitätstheorie. Von Dr.-Ing. *W. Flügge*, Stanford (USA). — Baustatik. Von Dr.-Ing. *K. Beyer*, o. Professor an der Technischen Hoch-schule Dresden. — Baustoffe und ihre Eigenschaften. Von *O. Graf*, o. Professor an der Technischen Hoch-schule Stuttgart. — Vermessungskunde. Von Dr.-Ing. *P. Werkmeister*, † weil. o. Professor an der Tech-nischen Hochschule Dresden. — Verkehrswirtschaft. Von Dr.-Ing. *C. Pirath*, o. Professor an der Tech-nischen Hochschule Stuttgart. — Flugbetrieb, Linienführung und Flughäfen des Luftverkehrs. Von Dr.-Ing. *C. Pirath*, o. Professor an der Technischen Hochschule Stuttgart. — Straßenbau. Von Dr.-Ing. *K. Risch*, o. Professor an der Technischen Hochschule Hannover. — Eisenbahnwesen. Von Dr.-Ing. *W. Müller*, o. Professor an der Technischen Hochschule Aachen. — Erdbau. Von Dr.-Ing. *W. Müller*, o. Professor an der Technischen Hochschule Aachen. — Tunnelbau. Von Dr.-Ing. *K. Risch*, o. Professor an der Technischen Hochschule Hannover. — Bodenmechanik. Von Dr.-Ing. *H. Petermann*, Hannover. — Grund-bau. Von Professor Dr.-Ing. *A. Agatz*, Präsident der Hafenbauverwaltung Bremen. — Wasser-wirtschaft. Von Dr.-Ing. *H. Wittmann*, o. Professor an der Technischen Hochschule Karlsruhe. — Flußbau. Von Dr.-Ing. *H. Wittmann*, o. Professor an der Technischen Hochschule Karlsruhe. — Stauanlagen. Von Dr.-Ing. *P. Böß*, Professor an der Technischen Hochschule Karlsruhe. — Wasserkraftanlagen. Von Dr.-Ing. *H. Wittmann*, o. Professor an der Technischen Hochschule Karlsruhe. — Binnenverkehrswasserbau. Von Ministerialrat i. R. *W. Paxmann*, Königswinter. — Seeverkehrswasserbau. Von Professor Dr.-Ing. *A. Agatz*, Präsident der Hafenbauverwaltung Bremen. — Wasserversorgung und Entwässerung der Städte, landwirtschaftlicher Wasserbau. Von Professor Dr.-Ing. *E. Marquardt*, Reutlingen. — Wasserbauliches Versuchswesen. Von Dr.-Ing. *H. Wittmann*, o. Professor an der Technischen Hochschule Karlsruhe und Dr.-Ing. *P. Böß*, Professor an der Technischen Hochschule Karlsruhe. — Städtebau und Nahverkehr. Von Landesrat *R. Niemeyer*, Brackwede bei Bielefeld und Stadtbaurat Professor *J. Göderitz*, Braunschweig. — Massivbau. Von Dr.-Ing. *F. Dischinger*, o. Professor an der Technischen Hochschule Berlin. — Stahlbau.

[Taschenbuch für Bauingenieure.]
Von Professor Dr.-Ing. *Ferd. Schleicher*, Berlin. — Holzbau. Von Dr.-Ing. *W. Stoy*, Professor an der Technischen Hochschule Braunschweig. — Maschinenkunde des Bauingenieurs (einschl. Elektrotechnik). Von Dr.-Ing. *A. Vierling*, o. Professor an der Technischen Hochschule Hannover. — Sachverzeichnis.

Bodenuntersuchungen für Ingenieurbauten. Von Prof. Dr.-Ing. habil. *E. Schultze* und Dr.-Ing. *H. Muhs*. Mit etwa 600 Abbildungen. Etwa 480 Seiten. (In Vorbereitung.)

Grund- und Wasserbau in praktischen Beispielen. Von Professor Dr.-Ing. *Otto Streck*. Zweiter Band: Fließende und schwingende Wasserbewegung. Wehre, Wasserauflaufen, Bewässerung, Entwässerung, Wasserwirtschaft. Mit 361 Textabbildungen. Etwa 600 Seiten. 1950. (In Vorbereitung.)

Veröffentlichungen zur Erforschung der Druckstoßprobleme in Wasserkraftanlagen und Rohrleitungen. Herausgegeben von Prof. Dr.-Ing. *Friedrich Tölke*, Karlsruhe. Erstes Heft. Mit 135 Abbildungen. IV, 137 Seiten. 1949. DM 24.—

Der Deutsche Druckstoß-Ausschuß (German Water Hammer Committee) hat sich die Erforschung der zahlreichen noch ungeklärten Druckstoßprobleme in Wasserwerks- und Wasserkraftanlagen, in Rohrleitungen, Armaturen und hydraulisch betätigten Maschinen zur Aufgabe gesetzt. Er will ferner die ihm zugänglichen oder bekannt werdenden Betriebserfahrungen und Schadensfälle sammeln, um zu sicheren Voraussetzungen für die Grundannahmen der praktischen Druckstoßberechnung zu gelangen.

Inhaltsübersicht: Zur Normung der allgemeinen Druckstoß-Formelzeichen. Von *P. Böss*, Karlsruhe. — Ursachen von Druckstößen in den Druckrohrleitungen von Wasserkraftwerken. Von *Arthur Hruschka*, Wien. — Über den Bruch der Rohrleitung Zasip. Von *R. Thomann*, Graz. — Über den Druckstoß in einsträngigen Rohrleitungen. Von *F. Tölke*, Berlin-Charlottenburg. — Druckstoßmessungen am Baukraftwerk der Badenwerk A.-G. Von *W. Leitner*, Karlsruhe. — Die Regelvorgänge in langen hydraulischen Leitungen. Von *W. Wiederhold*, Hildesheim und *A. Geromiller*, Magdeburg.

V. Bergbau und Hüttenkunde

Lehrbuch der Bergbaukunde mit besonderer Berücksichtigung des Steinkohlenbergbaues.
Begründet von Dr.-Ing. eh. *F. Heise* und Dr.-Ing. eh. *F. Herbst* †. In zwei Bänden.
Erster Band. Von Dr. Dr.-Ing. *C. Hellmut Fritzsche*, Professor der Bergbaukunde
und Bergwirtschaftslehre an der Technischen Hochschule Aachen. Achte Auflage. (Berichtigter Neudruck.) Mit 615 Abbildungen im Text und einer farbigen Tafel. XX,
687 Seiten. 1949. Ganzleinen DM 34.50

Das bekannte Standardwerk der Bergbaukunde will in erster Linie ein Lehrbuch für Bergschulen
sein, dient aber gleichzeitig den Berghochschulen ebensogut wie der Praxis. Hervorzuheben ist,
daß der Verfasser in wohlabgewogener Berücksichtigung von Gesichtspunkten der wissenschaftlichen Systematik und der Praxis sowie im Streben nach möglichster Beschränkung des Buchumfangs überall das Grundsätzliche herausgearbeitet und eine geschickte Auswahl in der außerordentlichen Mannigfaltigkeit der angewandten Verfahren und Ausführungen getroffen hat. Die
Neuauflage sichert dem Buch weiterhin das große Ansehen, dessen es sich seit Jahren erfreut.
Sie wird auch zu weiterer Steigerung der Leistungsfähigkeit des deutschen Bergbaus beitragen.
Zeitschrift für Berg-, Hütten- und Salinenwesen.

Inhaltsübersicht: Einleitung. I. Gebirgs- und Lagerstättenlehre. — II. Das Aufsuchen der Lagerstätten.
(Schürf- und Bohrarbeiten.) — III. Gewinnungsarbeiten. — IV. Die Grubenbaue. — V. Grubenbewetterung.

Zweiter Band. Von Dr. Dr.-Ing. *C. Hellmut Fritzsche*, Professor der Bergwirtschaftslehre an der Technischen Hochschule Aachen. Siebente Auflage. Mit 742 Abbildungen
im Text, XVIII, 710 Seiten. 1950. Ganzleinen DM 34.50

Inhaltsübersicht Grubenausbau. — Schachtabteufen. — Förderung — Wasserhaltung. — Grubenbrände und
Atemschutzgeräte.

In der neuen Auflage sind die wichtigsten Neuerungen und Fortschritte berücksichtigt. Diese
sind in der Hauptsache auf den Gebieten des Strebausbaus und der Abbauförderung eingetreten,
und zwar in Verbindung mit der Mechanisierung der Hereingewinnung und Verladung der Kohle
im Abbau. Infolgedessen haben die Darlegungen über die Stromförderer eine durchgreifende
Bearbeitung erfahren. Das gleiche gilt vom Ausbau im Abbau.

Lehrbuch der Bergwerksmaschinen (Kraft- und Arbeitsmaschinen). Von Dr. *H. Hoffmann* †, Bergschule Bochum. Vierte, umgearbeitete und verbesserte Auflage. Bearbeitet von Dipl.-Ing. *C. Hoffmann*, Bergschule Bochum, Leiter des Maschinenlaboratoriums. Mit 612 Abbildungen. VIII, 403 Seiten. 1950. Ganzleinen DM 36.—

Inhaltsübersicht: I. Thermodynamik. — II. Berechnung von Rohrleitungen. — III. Die Brennstoffe und
ihre Verbrennung. — IV. Allgemeines über Dampfkesselanlagen. — V. Die Feuerungen der Dampfkessel. —
VI. Dampfkesselbauarten und Dampfkesselzubehör. — VII. Allgemeines über Kolbenmaschinen. — VIII.
Die Regelung der Kraftmaschinen. — IX. Die Dampfmaschinen. — X. Die Dampfturbinen. — XI. Die
Kondensation des Abdampfes von Dampfmaschinen und Dampfturbinen. — Wasserrückkühlanlagen. —
XII. Verwertung des Abdampfes von Dampfkraftmaschinen. — XIII. Wärmespeicher. — XIV. Schaltungen im Dampfkraftbetrieb. — XV. Die Verbrennungskraftmaschinen. — XVI. Schachtförderanlagen.
— XVII. Die Dampffördermaschinen. — XVIII. Förderhaspel und Fördermaschinen mit elektrischem
Antrieb. — XIX. Die Kolbenpumpen. — XX. Kreiselpumpen. Turbopumpen. — XXI. Die Kolbenkompressoren. — XXII. Turbokompressoren. — XXIII. Druckluftenergieübertragung. — XXIV. Druckluftantriebe. — XXV. Gewinnungsmaschinen mit Druckluftantrieb. — XXVI. Druckluftmaschinen der Förderung. — XXVII. Grubenlokomotiven. — XXVIII. Kältemaschinen. — XXIX. Ventilatoren. — XXX.
Meßkunde. — Namen- und Sachverzeichnis.

Die Entwicklung der Bergwerksmaschinen seit dem Erscheinen der dritten Auflage im Jahre 1941
erforderte eine weitgehende Neubearbeitung des Lehrbuches in allen Abschnitten.
Zugunsten einer stärkeren Würdigung der Untertagemaschinen wurden die Abschnitte über Dampferzeugung und -anwendung gekürzt. Die theoretischen Grundlagen der Druckluftanwendung erfuhren eine anschaulichere Darstellung. Großer Wert wurde der bisher im Betriebe immer noch zu
sehr vernachlässigten Berechnung der Druckluftleitungen beigemessen, wobei auch Parallel- und
Ringleitungen an Hand von Beispielen eingehend erörtert wurden. Bei den Gewinnungsmaschinen

[Lehrbuch der Bergwerksmaschinen (Kraft- und Arbeitsmaschinen).]
wurden Abbauhämmer, Bohrhömmer und Drehbohrmaschinen durch neue Bauarten mit ausführlichen Steuerungsdarstellungen und Kennlinien ergänzt, bei den Schrämmaschinen besonderer Wert auf die Veranschaulichung des Getriebes gelegt, und die Kohlenhobelantriebe neu aufgenommen. Die Bandantriebe und ihre Leistungsberechnung verlangten eine völlige Neugestaltung in einfacher Form. Die Rutschenantriebe wurden durch neue Bauarten mit schematischen Steuerungsdarstellungen vervollständigt. In Hinsicht auf die Dieselgrubenlokomotiven war eine erweiterte Behandlung der kompressorlosen Dieselmotoren, insbesondere der Vorkammermotoren, erforderlich. Der Abschnitt über Grubenlokomotivförderung wurde erweitert und den Sicherheitseinrichtungen der Diesellokomotiven stärkere Beachtung gewidmet. Bei der Schachtförderung wurde die neue Vierseilförderung hinzugefügt. Im Abschnitt über Pumpen wurden verschiedenartige Vorortpumpen und die Mammutpumpe, im Abschnitt über Ventilatoren mehrere, grundsätzlich verschiedene Sonderventilatoren mit Kennlinien aufgenommen.

Geologie, Mineralogie und Lagerstättenlehre. Eine Einführung für Bergschüler, Gruben- und Vermessungsbeamte, Studierende des Bergbaus, der Naturwissenschaften und Schüler höherer Lehranstalten sowie zum Selbstunterricht. Im Auftrage der Westfälischen Berggewerkschaften. Von Professor Dr. *Paul Kukuk*, Bergassessor a. D. Mit etwa 340 Abbildungen. Etwa 400 Seiten. 1950. (In Vorbereitung.)

Die thermodynamischen Eigenschaften der Metalloxyde. Ein Beitrag zur theoretischen Hüttenkunde. Von Dr.-Ing. *Werner Lange*, Professor für Metallhüttenkunde an der Bergakademie Freiberg. Mit 16 Abbildungen. V, 107 Seiten. 1949. DM 12.—
Der Verfasser behandelt ein wichtiges Gebiet der theoretischen Hüttenkunde, das bei den Hüttenleuten in Deutschland bisher noch wenig bekannt ist. Es bringt den mehr an praktischen Fragen interessierten Metallurgen die Theorie nahe und beweist ihren Wert an Beispielen aus der Praxis. Die Schrift ist in erster Linie für den Metallurgen gedacht, der sich im besonderen Maße für die Chemie der hohen Temperaturen interessieren muß.
Inhaltsübersicht: Einleitung. — Grundlagen der Gleichgewichtsberechnung. — Affinitätsgleichungen vom Kohlenmonooxyd. — Kohlendioxyd und Wasserdampf. — Affinitätsgleichungen der Metalloxyde. — Beispiele für die Anwendung der abgeleiteten thermodynamischen Gleichungen. — Literaturverzeichnis. — Tabellarische Zusammenstellung der Affinitätsgleichungen.

Bergbaumechanik. Lehrbuch für bergmännische Lehranstalten. Handbuch für den praktischen Bergbau. Von Dipl.-Ing. *J. Maercks*, Bergschule Bochum. Dritte Auflage. Mit 541 Abbildungen. VIII, 636 Seiten. 1950. Ganzleinen DM 36.—
In der jetzt vorliegenden Neubearbeitung sind die Fortschritte in der Mechanisierung der Grubenbetriebe berücksichtigt. Das wichtigste Problem ist das mechanische Laden. Es wurde deshalb ein neues Kapitel über die Ladearbeit im Untertagebetrieb eingefügt, in dem das Laden von Hand, sowie das halbmechanische und das ganzmechanische Laden behandelt sind. Zur Leistungssteigerung in der Kohlengewinnung entwickelte man neue Löseverfahren, so das Hobeln. Ein besonderes Kapitel beschäftigt sich mit dem Kräftespiel dieses Hobelverfahrens und dem Einsatz der Panzerförderer im Hobelbetrieb.
Inhaltsübersicht: Die Statik der festen Körper. — Die Dynamik fester Körper. — Festigkeitslehre. — Strömungslehre. — Anhang.

Markscheidekunde für Bergschulen und den praktischen Gebrauch. Von *G. Schulte* und *W. Löhr.* Zweite, verbesserte Auflage. Neudruck 1949. Mit 229 Abbildungen im Text und 11 zum Teil farbigen Tafeln. XII, 280 Seiten. 1949.
Ganzleinen DM 20.40
Dieses kurzgehaltene Lehrbuch hat sich an den Bergschulen und Bergakademien sowie in der Praxis der Markscheider bestens bewährt.

VI. Chemie, Technologie

Analyse der Metalle. Herausgegeben vom Chemiker-Fachausschuß der Gesellschaft Deutscher Metallhütten- und Bergleute e. V. Leiter: Dr.-Ing. *O. Proske* und stellv. Leiter Prof. Dr. *H. Blumenthal.*

Erster Band: Schiedsverfahren. Zweite Auflage. Mit 25 Abbildungen. VIII, 508 Seiten. 1949. DM 36.—, Halbleinen DM 38.40

Das vorliegende Werk entstand als Gemeinschaftsarbeit von etwa 60 Chemikern, die im „Chemiker-Fachausschuß der Gesellschaft Deutscher Metallhütten- und Bergleute e. V." zusammengeschlossen sind und die als Fachleute auf dem Gebiete der Analyse der in dem Buche angeführten mehr als 30 Metalle anzuseben sind. Die Standardanalysen, die in dem Werke eingehend beschrieben sind, kann man als Normen bezeichnen, soweit solche bei Analysenverfahren überhaupt möglich sind.

Als „S c h i e d s v e r f a h r e n" werden grundsätzlich solche Arbeitsvorschriften für die Analyse betrachtet, die ohne Rücksicht auf den damit verbundenen Zeitaufwand besonders zuverlässige Ergebnisse gewährleisten.

Ein zweiter Band, der zur Zeit vorbereitet wird, wird die „B e t r i e b s v e r f a h r e n" behandeln.

Inhaltsübersicht: Einleitung. Begriffsbestimmung und allgemeine Richtlinien für Schiedsuntersuchungen. — 1. Aluminium. — 2. Antimon. — 3. Arsen. — 4. Beryllium. — 5. Blei. — 6. Bor. — 7. Cadmium. — 8. Cer und Thorium. — 9. Chrom. — 10. Edelmetalle. — 11. Indium. — 12. Kobalt. — 13. Kupfer. — 14. Magnesium. — 15. Mangan. — 16. Molybdän. — 17. Nickel. — 18. Quecksilber. — 19. Selen und Tellur. — 20. Silicium. — 21. Tantal und Niob. — 22. Thallium. — 23. Titan. — 24. Uran. — 25. Vanadium. — 26. Wismut. — 27. Wolfram. — 28. Zink. — 29. Zinn. — 30. Zirkonium. — Namen- und Sachverzeichnis.

Anleitungen für die chemische Laboratoriumspraxis. Begründet von *E. Zintl* †. Herausgegeben von *R. Brill.*

Band I: Chemische Spektralanalyse. Eine Anleitung zur Erlernung und Ausführung von Spektralanalysen im chemischen Laboratorium. Von *Wolfgang Seith* und *Konrad Ruthardt.* Vierte, verbesserte Auflage. Mit 106 Abbildungen im Text und 1 Tafel. VII, 173 Seiten. 1949. DM 16.50

Band II: Kolorimetrie und Spektralphotometrie. Eine Anleitung zur Ausführung von Absorptions-, Fluoreszenz- und Trübungsmessungen an Lösungen. Von *Gustav Kortüm.* Zweite, verbesserte Auflage. Mit 97 Abbildungen im Text. VI, 236 Seiten. 1948. DM 16.50

Band IV: Polarographisches Praktikum. Von Professor *J. Heyrovský.* Mit 90 Abbildungen im Text. VI, 118 Seiten. 1948. DM 8.40

Beilsteins Handbuch der organischen Chemie. Vierte Auflage.

Zweites Ergänzungswerk, die Literatur von 1920—1929 umfassend. Herausgegeben und bearbeitet von *Friedrich Richter.*

Vor kurzem erschienen:

VI. Band: Isocyclische Oxy-Verbindungen. Als Ergänzung des sechsten Bandes des Hauptwerkes. Revidierte Ausgabe. XXXVI, 1245 Seiten. 1949. DM 260.—

VII. Band: Isocyclische Monooxo-Verbindungen und Polyoxo-Verbindungen. Als Ergänzung des siebenten Bandes des Hauptwerkes. XXXII, 943 Seiten. 1948. DM 196.—

VIII. Band: Isocyclische Oxy-Oxo-Verbindungen. Als Ergänzung des achten Bandes des Hauptwerkes. XXXI, 657 Seiten. 1948. DM 141.—

IX. Band: Isocyclische Monocarbonsäuren und Polycarbonsäuren. Als Ergänzung des neunten Bandes des Hauptwerkes. XXXII, 890 Seiten. 1949. In Moleskin DM 214.—

[Beilsteins Handbuch der organischen Chemie.]

X. Band: **Isocyclische Oxy-Carbonsäuren und Oxo-Carbonsäuren.** Als Ergänzung des
X. Bandes des Hauptwerkes. XXXII, 951 Seiten. 1949. In Moleskin DM 248.—
Über die älteren noch in Rohvorräten erhalten gebliebenen Bände des „Beilstein" gibt ein ausführlicher Prospekt Auskunft.

XI. Band: **Isocyclische Reihe. Mono- und Polysulfinsäuren, Oxy- und Oxo-Sulfinsäuren, Sulfinsäuren der Carbonsäuren, Mono- und Polysulfonsäuren, Oxy- und Oxo-Sulfonsäuren, Sulfonsäuren der Carbonsäuren und der Sulfinsäuren. Selenin- und Selenonsäuren.** Als Ergänzung des elften Bandes des Hauptwerkes. Etwa 320 Seiten
In Moleskin gebunden etwa DM 100.—

Der XII. Band des zweiten Ergänzungswerks wird etwa Ende des Jahres 1950, der
XIII. etwa Anfang 1951 erscheinen.

Internationales Wörterbuch der Lederwirtschaft. Zweite Auflage. Deutsch-Englisch-Französisch-Spanisch-Italienisch mit russischem Anhang. Bearbeitet von *Walter Freudenberg*, Weinheim. Etwa 208 Seiten. 1950. (In Vorbereitung.)

Chemie für Bauingenieure und Architekten. Das Wichtigste auf dem Gebiet der Baustoff-Chemie in gemeinverständlicher Darstellung. Von Dr. *Richard Grün* †. S. S. 22.

Physikalische Chemie und ihre rechnerische Anwendung - Thermodynamik -. Eine Einführung für Studierende und Praktiker. Von Prof. Dr. *Ludwig Holleck*. Mit 6 Übersichtsblättern und 47 Abbildungen. VIII, 239 Seiten. 1950. (In Vorbereitung.)

Das vorliegende Buch ist aus Bedürfnissen heraus entstanden, die sich im Zuge physikalisch chemischer seminaristischer Übungen an Universitäten herausstellten. Diese Übungen, die sich allenthalben als notwendig erweisen zur Aufschließung des Verständnisses für physikalisch-chemische Gedankengänge, Problemstellungen, Gesetzmäßigkeiten und deren mathematische Formulierung und zur Vertiefung des Lehrstoffes, sollen dem Studierenden auch die Wege weisen, auf denen unsere Erkenntnisse einer weiteren Forschung oder der Praxis nutzbar gemacht werden können...

Inhaltsübersicht: Einführung. — Allgemeine Begriffe und Voraussetzungen. — Die energetischen Größen (Zustandsfunktionen) und ihre Verkettung. — Gleichgewichte. — Die praktische Auswertung der energetischen Größen und ihrer wechselseitigen Beziehungen. — Übungsbeispiele und Aufgaben. — Tabellenanhang. — Literaturverzeichnis. — Sachverzeichnis.

Lebensmitteltechnologie. Einführung in die Verfahrenstechnik der Lebensmittelverarbeitung. Von Dr.-Ing. habil. *Rudolf Heiss*, Dozent, Direktor des Instituts für Lebensmitteltechnologie, München. Mit 224 Abbildungen im Text. Etwa 400 Seiten.
Etwa DM 27.60; Ganzleinen etwa DM 30.—

Die vorliegende Schrift vermittelt dem Ingenieur und dem technischen Physiker einen Überblick über seine Einsatzmöglichkeiten und die wesentlichen Punkte der Lebensmittelverarbeitung. Die einleitenden Kapitel geben eine kurze Zusammenfassung der verfahrenstechnischen Grundlagen. Der Behandlung der einzelnen Lebensmittel wurden Betriebsschemen zugrunde gelegt und, soweit möglich, andersartige verfahrenstechnische Lösungen des Auslandes angeführt. Eine kurze Schilderung und Begründung des Verarbeitungsganges will nicht das Studium der einschlägigen Fachliteratur ersetzen.

Organische Chemie in Einzeldarstellungen. Herausgegeben von *Hellmut Bredereck* und
Eugen Müller.
Band III: **Chemie der Phenolharze.** Von Dr. *K. Hultzsch*, Chemische Werke Albert,
Wiesbaden-Biebrich. VI, 193 Seiten. 1950. DM 19.60, Ganzleinen DM 22.60

Inhaltsübersicht: Einleitung. — Historischer Rückblick auf die Entwicklung der Phenolharzchemie. — T h e o r e t i s c h e G r u n d l a g e n d e r P h e n o l h a r z c h e m i e: Phenole. — Phenolalkohole. — Dioxydibenzyläther und Oxybenzylalkyläther. — Dioxydiphenylmethan-Verbindungen. — Chinonmethlide. — Oxybenzylamin-Verbindungen. — Brückenbindungen, Substituenten und Endgruppen als Bausteine der Phenolharze. — E n t s t e h e n u n d A u f b a u v o n P h e n o l h a r z e n: Einteilung der Phenolharze. — Bildung der Phenolharze. — Nichthärtende Phenolharze (Novolake). — Härtbare Phenolharze. — Die Härtung von Phenolharzen. — V e r a r b e i t u n g u n d A u f b a u v o n P h e n o l h a r z e n: — Allgemeines über den Anbau von Phenolharzen. — Anwendung, Verarbeitung und Aufbau technisch wichtiger Phenolharze

3*

[Organische Chemie in Einzeldarstellungen.]
— Reaktionen zwischen Resolen und ungesättigten Naturstoffen. — Anhang. Beitrag zur Phenolharz-Analyse: Bestimmung von nichtgebundenem Phenol und unbesetzten Reaktionsstellen in Phenolkernen, von ungebundenem Formaldehyd, der Hydroxylgruppen, anderer Gruppen und Brückenbindungen, der Reaktivität härtbarer Harze. Zur Wasserbestimmung in Resolen. Physikalische Methoden in der Phenolharz-Analyse. — Literatur-Nachweis, Namen- und Sachverzeichnis.

Die Phenolharze spielen schon seit Jahrzehnten eine große Rolle als Kunststoffe in der Praxis. K. Hultzsch, Leiter des Forschungslaboratoriums der Chemischen Werke Albert, die auf diesem Gebiet besondere Pionierarbeit geleistet haben, steht in der vordersten Linie derjenigen Forscher, die in den letzten Jahren auch die theoretischen Grundlagen dieses Gebietes erarbeitet und zu einem gewissen Abschluß gebracht haben. Die vorliegende Monographie bietet eine eingehende Darstellung und Deutung der zahlreichen experimentellen Befunde, auf welchen die modernen Anschauungen über die Grundreaktionen in der Phenolharzchemie und den Aufbau der wichtigsten Vertreter dieser Kunststoffklasse beruhen. Obwohl die theoretischen Grundlagen im Vordergrund der Betrachtung stehen, richtet sich diese Monographie nicht nur an den Chemiker, der an den wissenschaftlichen Fortschritten auf dem Gebiete der Hochpolymeren interessiert ist, sondern durchaus auch an den Praktiker der kunststofferzeugenden und der kunststoffverarbeitenden Industrie, da der Verfasser besonderen Wert darauf gelegt hat, Herstellung und Aufbau sowie Anwendung und Verarbeitung der verschiedenen Phenolharzarten mit dem Chemismus ihrer Bildungsreaktionen in enge Beziehung zu bringen.

I. Band: **Neuere Anschauungen der organischen Chemie.** Von *Eugen Müller*. 2. Auflage
(In Vorbereitung.)
II. Band: **Aromatische Kohlenwasserstoffe.** Von *E. Clar*. 1941. Vergriffen.

Handbuch der analytischen Chemie. Herausgegeben von *R. Fresenius*, Wiesbaden und *G. Jander*, Greifswald.

Zweiter Teil: **Qualitative Nachweisverfahren.**

Band VI: **Elemente der sechsten Gruppe.** Sauerstoff, Schwefel, Selen, Tellur, Chrom, Molybdän, Wolfram, Uran. Bearbeitet von *Otto Schmitz-Dumont, Mark v. Steckelberg, Oldrich Tomicek*. Mit 61 Abbildungen. XII, 267 Seiten. 1948.   DM 39.—

Ferner sind bisher erschienen:

Zweiter Teil: **Qualitative Nachweisverfahren.**

Band Ia: **Elemente der ersten Hauptgruppe.** Mit 80 Abbildungen. XII, 222 Seiten. 1944.   DM 30.—, gebunden DM 33.—

Band III: **Elemente der dritten Gruppe.** Mit 13 Abbildungen und 1 Tafel. XII, 196 Seiten. 1944.   DM 27.—

Band VI: **Elemente der sechsten Gruppe.** Mit 61 Abbildungen. XII, 267 Seiten. 1948.
DM 39.—

Dritter Teil: **Quantitative Bestimmungs- und Trennungsmethoden.**

Band Ia: **Elemente der ersten Hauptgruppe.** Mit 31 Abbildungen. XV, 404 Seiten. 1940.   DM 51.—

Band IIa: **Elemente der zweiten Hauptgruppe.** Mit 13 Abbildungen. XI, 446 Seiten. 1940.   DM 57.—

Band IIb: **Elemente der zweiten Nebengruppe.** Mit 46 Abbildungen. XI, 587 Seiten. 1945.   DM 70.—, gebunden DM 72.50

Band III: **Elemente der dritten Gruppe.** Mit 37 Abbildungen. XI, 852 Seiten. 1942.
Zur Zeit vergriffen.

Band IV b: **Elemente der vierten Nebengruppe.** Titan, Zirkon, Hafnium, Thorium. Bearbeitet von Prof. Dr. *H. Bode*, Hamburg, Dr.-Ing. *A. Claassen*, Eindhoven, Dr. *B. Jüstel* †, Kiel. Mit 25 Abbildungen. Etwa 530 Seiten. 1950.   Etwa DM 78.—
Inhaltsübersicht: Titan. Von Dr.-Ing. *A. Claassen*, Chef-Chemiker am Forschungslaboratorium der N. V. Philips' Gloeilampenfabrieken, Eindhoven, Niederlande. — Zirkon und Hafnium. Von Dr.-Ing. *A. Claassen*, Chef-Chemiker am Forschungslaboratorium der N. V. Philips' Gloeilampenfabrieken, Eindhoven, Niederlande. — Thorium. Von Dr. *B. Jüstel* und Professor Dr. H. *Bode*, Hamburg.

Band VII a α: **Elemente der siebenten Hauptgruppe I.** Mit 86 Abbildungen. Etwa 300 Seiten.   (In Vorbereitung.)

[Handbuch der analytischen Chemie.]

Band VIIIa: Elemente der achten Hauptgruppe Edelgase. Mit 53 Abbildungen.
XII, 120 Seiten. 1949.   DM 19.60

Im Druck befinden sich:

D r i t t e r   T e i l: **Quantitative Trennungs- und Bestimmungsmethoden.**

Band IV b: Elemente der vierten Nebengruppe. Titan, Zirkon, Hafnium, Thorium. Bearbeitet von *H. Bode*, Hamburg, *A. Claassen*, Eindhoven (Holland), *B. Jüstel* †, Oranienburg bei Berlin. Mit 25 Abbildungen. XI, 524 Seiten.

Erscheint etwa im Februar 1950.

Band V a γ: Elemente der fünften Hauptgruppe. Arsen, Antimon, Wismut. Bearbeitet von *E. Karl-Kroupa*, Bad Aussee, *R. Klement*, München. Mit etwa 45 Abbildungen. Etwa 850 Seiten.

Erscheint etwa im Sommer 1950.

Band VII a α: Elemente der siebenten Hauptgruppe. Wasserstoff, Wasser, Fluor. Bearbeitet von *G. Bähr*, Jena, *Fr. Hein*, Jena, *R. Klement*, München.

Erscheint etwa im Frühjahr 1950.

Im Laufe des Jahres 1950 werden voraussichtlich erscheinen:

Z w e i t e r   T e i l: **Qualitative Nachweisverfahren.**

Band VII: Elemente der siebenten Gruppe. Fluor, Chlor, Brom, Jod, Mangan, Rhenium

D r i t t e r   T e i l: **Quantitative Trennungs- und Bestimmungsmethoden.**

Band IV b/V b: Elemente der vierten und fünften Nebengruppe. Titan, Zirkon, Hafnium, Thorium, Vanadium, Niobium, Tantal.

Band V a β: Elemente der fünften Hauptgruppe. Phosphor.

Band VI a: Elemente der sechsten Hauptgruppe. Sauerstoff (einschließlich Ozon und Wasserstoffperoxyd), Schwefel, Selen, Tellur, Polonium.

Band VIII b γ: Elemente der achten Nebengruppe. Platinmetalle.

Praxis der Abwasserreinigung. Von Dr.-Ing. *W. Husmann.* Abt.-Vorsteher der Emschergenossenschaft und des Lippeverbandes. Mit 53 Abbildungen. 180 Seiten. 1950.

DM 10.50

Das vorliegende Buch ist auf Grund langjähriger Erfahrungen im In- und Auslande für die Praxis der Abwasserreinigung und die damit zusammenhängenden Fragen geschrieben. Dem Verfasser kam es vor allen Dingen darauf an, die verschiedensten Betriebsschwierigkeiten, die in städtischen Kläranlagen auftreten können, zu besprechen und gleichzeitig Wege aufzuzeigen, die beschritten werden können, um diese Schwierigkeiten zu überwinden. Ferner soll das Buch Anregungen geben, Vorflutuntersuchungen richtig anzusetzen und durchzuführen, Wassermengenmessungen auszuführen und Betriebsaufzeichnungen nach einem einheitlichen Plan zu machen, um wertvolle Unterlagen für den Gesamtbetrieb einer Kläranlage zu erhalten. In dem Wunsche, nichts zu übergehen was für den Abwasser-Praktiker von Belang sein kann, sind abschließend wichtige Fragen der Betonschädlichkeit des Abwassers und der Betonzerstörungen in Abwasserkanälen und an Bauwerken behandelt worden. Auch die Maßnahmen werden erwähnt, die zur Verhütung von Zerstörungen durch Abwasser zu ergreifen sind.

Die Chemie in wasserähnlichen Lösungsmitteln. Die Grundlagen des chemischen und physikalisch-chemischen Verhaltens der Stoffe in einigen nichtwässerigen, aber wasserähnlichen Solventien. Von Dr. *Gerhart Jander*, o. Professor für Chemie an der Universität Greifswald. (Anorganische und allgemeine Chemie in Einzeldarstellungen. Herausgegeben von *G. Jander* und *W. Klemm*. Band I.) Mit 78 Abbildungen. X, 367 Seiten. 1949.   DM 36.—

Zur Aufklärung des chemischen Verhaltens der Stoffe in den behandelten wasserähnlichen Lösungsmitteln sind neben analytischen und präparativen Verfahren in weitem Maße verschiedenartige physikochemische Methoden benutzt worden. Bei allen erörterten Untersuchungen lagen die Gedanken zweier großer Chemiker, des schwedischen Forschers *S. Arrhenius* und des amerikanischen Forschers *E. C. Franklin*, zugrunde. Ohne ihre bahnbrechenden Arbeiten wären die Ergebnisse späterer, anschließender Forschungen nicht erzielt worden und hätten nicht gedeutet werden können.

[Die Chemie in wasserähnlichen Lösungsmitteln.]

Besonders die modernen, verfeinerten und empfindlich ansprechenden konduktometrischen Meßverfahren haben große Bedeutung erlangt.

Inhaltsübersicht: I. Einführung und Allgemeines über das Wasser als Lösungsmittel. II. Die Chemie in wasserfreiem Fluorwasserstoff. III. Die Chemie in wasserfreiem, verflüssigtem Ammoniak. IV. Die Chemie in wasserfreiem, verflüssigtem Schwefelwasserstoff. V. Die Chemie in wasserfreier Blausäure. VI. Die Chemie in wasserfreier Salpetersäure. VII. Die Chemie in flüssigem Jod. VIII. Die Chemie in verflüssigtem Schwefeldioxyd. IX. Die Chemie in essigsäurefreiem Essigsäureanhydrid. X. Die Bedeutung der Untersuchungen über die Chemie in nichtwäßrigen, aber „wasserähnlichen" Lösungsmitteln für die theoretische und allgemeine Chemie sowie für die präparative chemische Praxis.

Kurzes Lehrbuch der Anorganischen Chemie. Von Dr. *Gerhart Jander*, o. Professor an der Universität Greifswald und Dr. *Hans Spandau*, Assistent am Anorgan.-Chemischen Institut der Technischen Hochschule Braunschweig. Vierte Auflage. Mit 110 Abbildungen. XI, 447 Seiten. 1949. DM 12.—

Das Buch ist zunächst einmal gedacht für alle diejenigen, welche, wie Mediziner, Naturwissenschaftler und Techniker, die Chemie als Hilfswissenschaft benötigen. Um die Materie anschaulicher zu gestalten, wurde eine besonders große Anzahl von schematischen und graphischen Darstellungen sowie von tabellarischen Übersichten gebracht. Das kurze Lehrbuch der anorganischen Chemie soll aber auch dem Berufschemiker bei seinen ersten Studiensemestern helfen und ihn nach Schaffung einer soliden Grundlage auf elementare Weise auch für die vielseitigen Probleme und mannigfaltigen Arbeitsgebiete der modernen anorganischen Chemie interessieren. Deswegen wurden im letzten Viertel des Buches Übersichtskapitel über Stoffklassen und Arbeitsrichtungen gegeben.

Inhaltsübersicht: Einleitung. — 1. Grundbegriffe der Chemie und ihre Erklärung am Beispiel des Systems Wasser. — 2. Die elementaren Bestandteile des Wassers. Ozon. Wasserstoffsuperoxyd. — 3. Die Bestandteile der Luft. — 4. Der Kohlenstoff. — 5. Die Metalle. — 6. Die Halogene. — 7. Die Eigenschaften von Lösungen, insbesondere von wäßrigen Lösungen. — 8. Die Chalkogene. — 9. Gleichgewichtslehre. Massenwirkungsgesetz. — 10. Das periodische System. Der Atombau. — 11. Die Stickstoffgruppe. — 12. Vierte Hauptgruppe des periodischen Systems und das Bor. — 13. Die Alkalien. — 14. Zweite Hauptgruppe des periodischen Systems. — 15. Die radioaktiven Elemente. — 16. Dritte Hauptgruppe des periodischen Systems. — 17. Die Nebengruppen des periodischen Systems. — 18. Komplexverbindungen und Koordinationslehre. — 19. Die Hydride. — 20. Intermetallische Verbindungen, intermetallische Phasen. — 21. Der kolloide Verteilungszustand der Materie. — 22. Die Chemie der Hydrolyse und der höhermolekularen Hydrolyseprodukte (Polysäuren und Polybasen). Hochmolekulare anorganische Verbindungen. — 23. Oxydhydrate und Hydroxyde. — 24. Reaktionen im festen Aggregatzustand. — 25. „Wasserähnliche", anorganische Lösungsmittel. — 26. Geochemie. — Sachverzeichnis.

Kurzes Lehrbuch der Kolloidchemie. Von *B. Jirgensons*, Dr. chem., Universität Manchester, England und *M. Straumanis*, Dr. chem., Universität Missouri, School of Mines, Rolla, USA, vormals an der Universität Lettlands in Riga. Mit 175 Textabbildungen. VIII, 282 Seiten. 1949. DM 18.60, Ganzleinen DM 21.60

Die Verfasser haben versucht, die wichtigsten Ergebnisse und Probleme der modernen Kolloidchemie möglichst elementar darzustellen, wobei sowohl die anorganischen wie auch die organischen Kolloide berücksichtigt wurden.

Der Stoff des Buches ist in zwei Abteilungen gegliedert. In dem kürzeren ersten Teil werden die Grundbegriffe und elementaren Untersuchungsmethoden der Kolloidchemie behandelt. Das ist ungefähr der Stoff, den die Studierenden kennen müssen, um mit einem Praktikum der Kolloidchemie zu beginnen. Im zweiten Teil wird dann alles gründlicher im einzelnen behandelt.

Inhaltsübersicht: Erster Teil: Die Grundbegriffe der Kolloidchemie. — Die elementaren Untersuchungsmethoden der Kolloidchemie. — Zweiter Teil: Disperse Systeme vom molekularkinetischen Standpunkt aus betrachtet. — Die Grenzflächenerscheinungen. — Die optischen Eigenschaften disperser Systeme. — Die elektrischen Eigenschaften disperser Systeme. — Die Viskosität kolloider Lösungen. — Die Bestimmung der Teilchengröße. — Bestimmung der Teilchenform. — Die Bestimmung der Teilchengröße und -form mittels Röntgen- und Elektronenstrahlen. — Die Herstellung kolloider Lösungen. — Die Zustandsänderungen lyophober Sole. — Die Zustandsänderungen lyophiler Kolloide. — Die Gele. — Die Emulsionen. — Gasdispersionen und Schäume. — Aerosole (Nebel, Staub, Rauch). — Feste Sole. — Namen- und Sachverzeichnis.

Die Kohlenwasserstoff-Synthese nach Fischer-Tropsch. Von Dipl.-Ing. Dr. techn. *Franz Kainer*, Patentanwalt in Reicholzheim/Tauber. Mit 40 Abbildungen. Etwa 330 Seiten. 1950. Ganzleinen DM 39.60

Eine zusammenfassende Darstellung der Fischer-Tropsch-Synthese hat der Verfasser erstmals in seinem vor mehr als 10 Jahren erschienenen Werk „Technische Adsorptionsstoffe in der Kontakt-Katalyse" gegeben. Seit dieser Veröffentlichung sind jedoch gerade die für die reibungslose

Die Kohlenwasserstoff-Synthese nach Fischer-Tropsch.] großtechnische Durchführung der Kohlenwasserstoff-Synthese notwendigen Erfindungen gemacht worden.

Es erscheint, bei der Bedeutung, die der Fischer-Tropsch-Synthese heute zukommt, gerechtfertigt, auch diese letzten Verbesserungen und Verfeinerungen und die wichtigsten Verwertungen der Synthese-Produkte im Rahmen einer zusammenfassenden Übersicht darzustellen.

Inhaltsübersicht: I. Teil: Herstellung von Synthese-Kontakten. — Kontaktgröße und Kontaktform. — Nachbehandlung von Synthese-Kontakten. — Wiederbelebung von Synthese-Kontakten. — Wiedergewinnung der Kontakt-Metalle. — II. Teil: Synthese-Gas. — Synthese-Temperatur. — Synthese-Druck. — Synthese-Apparatur. — III. Teil: Synthese-Verfahren. — IV. Teil: Synthese-Anlagen. — Synthese-Produkte.

Destillier- und Rektifiziertechnik. Von Dr.-Ing. habil. *Emil Kirschbaum*, Professor an der Technischen Hochschule in Karlsruhe. Zweite Auflage. Mit 294 Abbildungen im Text und 23 Kurventafeln. XVI, 465 Seiten. 1950. DM 45.—, Ganzleinen DM 49.50

Wie wichtig die Destillier- und Rektifiziertechnik für die Wirtschaft und Lebenshaltung eines Volkes ist, geht aus dem einfachen Hinweis darauf hervor, daß alle flüssigen Treibstoffe in Destillier- und Rektifizierapparaten hergestellt werden und daß letztere einen bedeutenden Teil der Einrichtungen chemischer Fabriken und anderer Werke zur Gewinnung lebenswichtiger Stoffe darstellen.

Das vorliegende Buch faßt die Erkenntnisse der Forschung in Verbindung mit den Aufgaben der Technik zusammen. Als solches ist es für den lernenden und für den in der Praxis tätigen Ingenieur gedacht. Wenn einerseits auf theoretische und streng wissenschaftliche Grundlagen zurückgegriffen wird, so ist andererseits besonderer Wert auf eine ingenieurmäßige Behandlung des Gebietes gelegt, und es sind in diesem Sinne auch bauliche Ausführungen aufgenommen.

Inhaltsübersicht: Allgemeines. — Theoretische Grundlagen. — Flüssigkeitstrennung durch einmalige Destillation. — Die Rektifiziersäule. — Der stetig arbeitende Rektifizierapparat mit Austauschböden. — Die Rektifikationsvorgänge im Wärmeinhalt-Konzentrationsbild. — Trennung von Gemischen mit mehr als zwei Bestandteilen. — Bestimmung der Abmessungen der Rektifiziersäule mit Austauschböden. Wirkung von Rektifizierböden. — Rektifizikation in Füllkörpersäulen. — Flüssigkeitsinhalt einer Rektifiziersäule. — Ausführung von Einzel- und Zubehörteilen. — Anhang.

Die Vorgänge in Trocknungs- und Erwärmungstrommeln für rieselfähige Güter nebst einigen dargestellten Anlagen und einem Berechnungsbeispiel. Von Dr.-Ing. *Karl Kröll*, Hersfeld. Mit 30 Abbildungen. Etwa 100 Seiten. 1950.   (In Vorbereitung.)

Untersuchung des Wassers an Ort und Stelle seine Beurteilung und Aufbereitung. Von Dr. rer. nat. *Wolf Olszewski* †, Approbierter Lebensmittel- und Diplom-Chemiker, Leiter der chemisch-hygienischen Abteilung der Dresdner Wasserwerke. Neunte, vermehrte und verbesserte Auflage des *Klut-Olszewski*. Mit 10 Abbildungen. VII, 281 Seiten. 1945.   DM 15.—

Da das Buch immer mehr ein Universaltaschenbuch für alle Arten und Verwendungszwecke des Wassers werden soll, sind auch in dieser Neuauflage Zusätze und Umänderungen erfolgt. So ist z. B. ein Abschnitt über Meerwasser hinzugekommen. Die für die bakteriologische Untersuchung benötigten Nährböden sind in einem besonderen Abschnitt, ähnlich dem Reagenzienverzeichnis, zusammengestellt.

Inhaltsübersicht: Einleitung. — I. Bio-Reduktion und Bio-Oxydation. — II. Kreislauf des Wassers. — III. Ortsbesichtigung. — IV. Probeentnahme. — V. Chemische und physikalische Untersuchung des Wassers. — VI. Bakteriologische Untersuchung des Wassers. — VII. Biologische Untersuchung des Wassers. — VIII. Vorkommen und Beurteilung der im Wasser gelösten oder suspendierten Stoffe entsprechend dem Verwendungszweck des Wassers. — IX. Angreifende Wasser. — X. Verzeichnis der Reagenzien, Normal- sowie Testlösungen. — XI. Verzeichnis der Nährböden und -lösungen. — XII. Hilfstabellen. — Schrifttum.— Sachverzeichnis.

Die katalytische Druckhydrierung von Kohlen, Teeren, Mineralölen. (Das I. G.-Verfahren von *Matthias Pier*.) Von Dr. *Walter Krönig*, Hamburg. Mit 26 Abbildungen und 13 Schemata. VI, 266 Seiten. 1950.   Ganzleinen DM 39.—

Eine zusammenfassende Darstellung aller wesentlichen Erkenntnisse und Erfahrungen, die bei der Entwicklung und technischen Gestaltung des Verfahrens sowie bei der großtechnischen Durchführung des Prozesses gesammelt worden sind. Das Buch gibt ein geschlossenes Bild vom Werdegang des IG.-Hydrierverfahrens und von seiner technischen Gestaltung und zeigt zugleich Ansätze für die Weiterentwicklung.

[Die katalytische Druckhydrierung von Kohlen, Teeren, Mineralölen.]

Von der menschlichen Seite aus betrachtet ist die vorliegende Schrift die Künderin der Taten dreier großer Männer:
Carl Bosch, der mit seiner Autorität die Entwicklung der Hydrierung gefördert und seit 1926 den weittragenden Entschluß der Errichtung der Großversuchs-Hydrieranlage in Leuna gefaßt hat; und *Carl Krauch*, der mit seinem überragenden technischen Können und seiner, alle Widerstände bezwingenden Energie die großtechnische Entwicklung der Hydrierung vorwärts getrieben hat; und *Mathias Pier*, der in kühner Konzeption die Grundlagen des Prozesses schuf, in zäher, nie ermüdender Arbeit, übersprudelnd von Ideen, das Verfahren ausbildete und unter Einsatz seiner großen Energie und seiner ganzen Persönlichkeit den großtechnischen Erfolg sicherte.
Inhaltsübersicht: A. Einleitung. — Definition und Anwendungsgebiet. — Chemische Grundlagen. — Andere Veredlungsverfahren bzw. Vorläufer des IG-Hydrierverfahrens. — Die beiden grundlegenden Erfindungen der IG. — B. Das IG-Hydrierverfahren. — Der Hochdruckteil. — Der Niederdruckteil. — C. Technische Gestaltung der Hydrierung. — Einrichtungen für die Vorbereitung der Roh- und Hilfsstoffe. — Die Hochdruck-Apparatur. — Einrichtungen für die Verarbeitung der Hydrier-Produkte. — D. Großtechnische Anwendung der Hydrierung. — Die Hydrierung in Deutschland. — Die Hydrierung im Ausland. — E. Ausblick. — Literatur-Verzeichnis. — Sachverzeichnis.

Die thermodynamischen Eigenschaften der Metalloxyde. Ein Beitrag zur theoretischen Hüttenkunde. Von Dr.-Ing. *Werner Lange*, Professor für Metallhüttenkunde an der Bergakademie Freiberg. Mit 16 Abbildungen. V, 107 Seiten. 1949. DM 12.—

Der Verfasser behandelt ein wichtiges Gebiet der theoretischen Hüttenkunde, das bei den Hüttenleuten in Deutschland bisher noch wenig bekannt ist. Es bringt den mehr an praktischen Fragen interessierten Metallurgen die Theorie nahe und beweist ihren Wert an Beispielen aus der Praxis. Die Schrift ist in erster Linie für den Metallurgen gedacht, der sich im besonderen Maße für die Chemie der hohen Temperaturen interessieren muß.
Inhaltsübersicht: Einleitung. — Grundlagen der Gleichgewichtsberechnung. — Affinitätsgleichungen vom Kohlenmonooxyd. — Kohlendioxyd und Wasserdampf. — Affinitätsgleichungen der Metalloxyde. — Beispiele für die Anwendung der abgeleiteten thermodynamischen Gleichungen. — Literaturverzeichnis. — Tabellarische Zusammenstellung der Affinitätsgleichungen.

Die organischen Katalysatoren und ihre Beziehungen zu den Fermenten. Von Dr. *Wolfgang Langenbeck*, o. Professor an der Universität Rostock. Zweite Auflage. Mit 8 Textabbildungen. VIII, 136 Seiten. 1949. DM 15.—

Seit dem Erscheinen der ersten Auflage haben sich wichtige neue Beziehungen zwischen den organischen Katalysatoren und den Fermenten ergeben. Es wurden aber auch Fortschritte auf allgemein katalytischem Gebiet erzielt. Für die Auffindung organischer Katalysatoren und die Beziehung zwischen Konstitution und Wirksamkeit wurden neue Gesichtspunkte entwickelt. Das angewachsene Material machte eine übersichtlichere Stoffanordnung erforderlich, deshalb wurde das Buch vollständig umgearbeitet.
Inhaltsübersicht: I. Einleitung. — II. Übersicht über die bisher bekannten Reaktionen organischer Katalysatoren. — III. Kinetik. — IV. Beziehungen zwischen Konstitution und Wirksamkeit. — V. Spezifität. — VI. Beziehungen zwischen organischen Katalysatoren und Fermenten. — VII. Technisch brauchbare organische Katalysatoren. — VIII. Unvollständig untersuchte Katalysen und Katalysen mit unbekanntem Mechanismus. — IX. Rückschau und Ausblick. — X. Daten zur Geschichte der organischen Katalysatoren. — XI. Praktischer Teil (Meßverfahren und Darstellungsverfahren). — Namen- und Sachverzeichnis.

Praktikum der quantitativen anorganischen Analyse. Von *Hermann Lux*, apl. Professor an der Technischen Hochschule München. Zweite Auflage. Zugleich Neuauflage des Praktikums der quantitativen anorganischen Analyse. Von *Alfred Stock* und *Arthur Stähler*. Mit 47 Abbildungen. VII, 184 Seiten. 1949. DM 8.—

Inhaltsübersicht: Einleitung. — I. Praktische und allgemeine Anweisungen. — II. Gewichtsanalytische Einzelbestimmungen. — III. Maßanalytische Neutralisationsverfahren. — IV. Maßanalytische Fällungs- und Komplexbildungsverfahren. — V. Maßanalytische Oxydations- und Reduktionsverfahren. — VI. Trennungen. — VII. Elektroanalyse. — VIII. Kolorimetrie. — IX. Vollständige Analysen von Mineralien und technischen Produkten. — Wichtige quantitative Bestimmungen. — Sachverzeichnis. — Atomgewichte 1947.

Praktikum der Textilveredlung. Verfahren, Untersuchungsmethoden, Anleitungen zu Versuchen. Von Professor Dr.-Ing. *Otto Mecheels*. Zweite Auflage. Mit 151 Abbildungen. X, 394 Seiten. 1949. DM 26.—, Halbleinen DM 29.—

Die Wissenschaft der Textilveredlung und ihre Technik ist während des Krieges nicht stehen geblieben. Fortschritte mußten berücksichtigt, Erkenntnisse korrigiert werden.
Viele Studierenden wünschten eine noch engere Verbindung des Stoffes mit der apparativen Seite der Textilveredlung. Deshalb wurden die wichtigsten maschinellen Vorgänge durch einfache Skizzen und kinematische Zeichnungen erläutert.

[Praktikum der Textilveredlung.]
In den Darstellungsmethoden sind möglichst vielgestaltige Wege beschritten. An Stelle von
Lehrsätzen oder Tabellen finden sich oftmals graphische Auswertungen im Koordinatensystem
oder als Balkendiagramme, Schemazeichnungen und dergleichen. Nur dort stehen Formeln, wo
das Wort zur klaren Kennzeichnung einer Tatsache oder eines Vorganges nicht ausreicht.
So soll der Studierende lernen, sich zur eindeutigen Kundgebung seiner Meinung des jeweils
einfachsten und klarsten Mittels zu bedienen.
Inhaltsübersicht: Allgemeines über das Gebiet der Textilveredlung. — Die Bleicherei und Färberei der
Baumwolle. — Die Bleicherei und Färberei der Wolle. — Die Bleicherei, Beschwerung und Färberei der
reinen Seide. — Die Bleicherei und Färberei der Azetatkunstseide. — Die Bleicherei, Färberei und Aus-
schließung der Bastfasern. — Die Bleicherei und Färberei der Kunstseide und der Zellwolle. — Die Merzeri-
sation, Bleicherei und Färberei von Mischtextilien. — Der Zeugdruck. — Die Appretur von Geweben aus
pflanzlichen Faserstoffen. — Die Ausrüstung der Wollengewebe. — Lagerschäden veredelter Textilien. —
Quellennachweis. — Sachverzeichnis.

Metallkunde, Reine und angewandte, in Einzeldarstellungen. Herausgegeben von *W. Köster.*

IV. Band: Kupfer im technischen Eisen. Von Dr.-Ing. habil. *Heinrich Cornelius,*
Berlin. Mit 165 Abbildungen. V, 225 Seiten. 1940.   DM 27.—

VI. Band: Blei und Bleilegierungen. Metallkunde und Technologie. Von Dr.-Ing.
habil. *Wilhelm Hofmann,* Dozent für Metallkunde an der Technischen Hochschule
Berlin. Mit einem Geleitwort von Dr.-Ing. habil. *Heinrich Hanemann,* o. Professor
für Metallkunde an der Technischen Hochschule Berlin. Mit 227 Abbildungen.
X, 293 Seiten. 1941.   Gebunden DM 29.50

VIII. Band: Metallographie des Magnesiums und seiner technischen Legierungen
Von Dr. phil. *Walter Bulian,* Leiter des Metall-Laboratoriums der Wintershall A. G.
und Dr. phil. *Eberhard Fahrenhorst,* Heringen a. d. Werra. Zweite, verbesserte und
erweiterte Auflage, bearbeitet von *W. Bulian.* Mit 250 Abbildungen. VIII, 139 Seiten.
1949.   DM 16.50
Inhaltsübersicht: I. Einleitung. — II. Schleif- und Ätztechnik. — 1. Probeentnahme. — 2. Einbett-
verfahren. — 3. Schleifen. — 4. Ätzen. — III. Kristallarten. — A. Magnesium. — B. Technische Legie-
rungszusätze. — 1. Mangan. — 2. Aluminium. — 3. Zink. — 4. Zer, Kalzium und Quecksilber. — C. Technische Verunreinigungen. — 5. Silizium. — 6. Eisen. — 7. Weitere Elemente und Oxyde. — IV. Reinmagnesium und aluminiumfreie Legierungen. — A. Reinmagnesium. — 1. Technisches Reinmagnesium
und Reinstmagnesium. — 2. Rekristallisation im gegossenen Zustand. — 3. Basisstreifen. —
4. Magnesium, warm verformt. — B. Die Magnesium-Mangan-Legierung Mg-Mn. — 5. Die Erscheinungs-
formen des Mangans. — 6. Makro- und Mikrokorngrenzen, Dendrite. — 7. Zwillingsbildung im Guß. —
8. Warmverformung und Rekristallisation. — 9. Schweißen. — C. Sonderlegierungen. — D. Korrosion. —
V. Magnesiumlegierungen mit Aluminium und Zink. — A. Kokillenguß, Bolzenguß. — 1. Normales
Gefüge. — 2. Korngrenzen. — 3. Al_2Mg_3. — 4. Eutektoid. — 5. Mikrolunker, Gasblasen, Oxydhäute. —
B. Strangpreßmaterial. — 6. Allgemeines. — 7. Zeilengefüge. — 8. Rekristallisation. — 9. Zwillingsbildung. —
10. Glühbehandlung. — 11. Warm- und Kaltrisse. — 12. Oxydhäute. — 13. Schalen- und Blasenbildung. —
C. Bleche. — D. Schweißen. — E. Schmiedeteile. — 14. Allgemeines. — 15. Einfluß der Schmiedetemperatur
auf das Gefüge. — 16. Zwillingsbildung. — 17. Einfluß der Homogenisierung auf die Ätzbarkeit. — 18. Oxydhäute. — F. Sandguß. — G. Spritzguß. — VI. Makroätzung und Bruchgefüge. Namenverzeichnis. —
Sachverzeichnis.

IX. Band: Pulvermetallurgie und Sinterwerkstoffe. Von Dr. *Richard Kieffer,* Betriebs-
direktor der Metallwerke Plansee G. m. b. H., Reutte (Tirol) und Dr. *Werner Hotop,*
Betriebsleiter der Abteilung Sintermetalle der Magnetfabrik Dortmund (Deutsche
Edelstahlwerke A.-G.), Dortmund-Aplerbeck. Zweite, verbesserte Auflage. Mit
244 Abbildungen. IX, 412 Seiten. 1948.   DM 36.—
Inhaltsübersicht I. Teil: Einführung — Ausgangsstoffe — Arbeitsverfahren der Pulvermetallurgie. 1. Kapitel: Begriffsbestimmungen — Geschichtliche Entwicklung — Gründe für die
Anwendung der Pulvermetallurgie. — 2. Kapitel: Die Metallpulver. A. Herstellung der Pulver. — B. Physikalisch-chemische Eigenschaften der Metallpulver. — 3. Kapitel: Die Technologie der Pulvermetallurgie. A. Vor-
behandlung der Metallpulver vor dem Preßvorgang — B. Verdichten oder Pressen der Pulver — C. Sinterung
der Preßkörper. — II. Teil: Die wissenschaftlichen Grundlagen der Pulvermetallurgie mit besonderer Berücksichtigung der Eigenschaften von Sinter-
körpern. 4. Kapitel: Einführung — Das Wesen der physikalischen Eigenschaften gesinterter Körper im Vergleich zu dem geschmolzener Körper. A. Einführung — B. Das Wesen der physikalischen Eigenschaften gesinterter Körper im Vergleich zu dem geschmolzener Körper. — 5. Kapitel: Das Pressen. A. Vorgänge beim Pressen
— B. Beeinflussung der physikalischen Eigenschaften beim Preßvorgang. — 6. Kapitel: Das Sintern. A. Vorgänge in Einstoffsystemen — B. Vorgänge in Mehrstoffsystemen. 7. Kapitel: Das Heißpressen. A. Geschichtliche
Entwicklung — B. Eigenschaften von Heißpreßkörpern. — III. Teil: Gesinterte Metalle und Legie-

[Metallkunde, Reine und angewandte, in Einzeldarstellungen.]

r u n g e n. 8. Kapitel: Erste Gruppe des periodischen Systems. A. Kupfer — B. Kupferlegierungen — C. Silber — D. Silberlegierungen — E. Gold. — 9. Kapitel: Zweite, dritte und vierte Gruppe des periodischen Systems. — 10. Kapitel: Fünfte, sechste und siebente Gruppe des periodischen Systems. — 11. Kapitel: Achte Gruppe des periodischen Systems. A. Eisenmetalle. B. Platinmetalle. — IV. Teil: Die Sinterwerkstoffe der Technik. 12. Kapitel: Die hochschmelzenden Metalle und ihre Legierungen. A. Wolfram — B. Molybdän — C. Tantal — D. Niob — E. Legierungen des Wolframs und Molybdäns mit anderen hochschmelzenden Metallen. — 13. Kapitel: Sinterhartn etalle. A. Geschichtliche Entwicklung — B. Hartstoffe — C. Herstellung der Sinterhartmetalle — D. Die physikalisch-chemischen Vorgänge bei der Sinterung von Hartmetall und die zu ihrer Aufklärung möglichen Prüfverfahren — E. Eigenschaften der Sinterhartmetalle — F. Anwendungsgebiete der Sinterhartmetalle. — 14. Kapitel: Gesinterte Kontaktbaustoffe. A. Metallkohlen — B. Verbundmetalle auf der Grundlage Wolfram-Kupfer, Wolfram-Silber, Molybdän-Silber — C. Weitere Verbundmetalle — D. Hartstoffe und Hartmetallegierungen — E. Wolframkontakte. — 15. Kapitel: Poröse Sinterkörper für Lager, Filter usw. — Massive Sinterlager. A. Poröse Sinterkörper für Lager — B. Werkstoffe vom Typus der porösen Sinterlager für andere Verwendungszwecke — C. Massive Sinterlager. — 16. Kapitel: Magnetische Sinterwerkstoffe. A. Magnetischweiche Werkstoffe — B. Dauermagnetwerkstoffe auf der Grundlage Eisen-Nickel-Aluminium — C. Weitere gesinterte Dauermagnetwerkstoffe. — 17. Kapitel: Diamamtmetallegierungen. A. Geschichtliche Entwicklung — B. Pulvermetallurgisch hergestellte Diamantmetallegierungen. — 18. Kapitel: Zahnamalgame. A. Kupferamalgam — B. Die Edelmetallamalgame — Ausblick — Schrifttumsergänzungen zur zweiten Auflage — Namens- und Sachverzeichnis.

Trinkwasser und Abwasser in Stichwörtern. Bearbeitet von *August F. Meyer*, Ehem. Direktor der Chemnitzer Wasserwerke, *Fritz Langbein*, Oberbaurat a. D., Ehem. Direktor der Berliner Stadtentwässerung, *Hellmuth Möhle*, Regierungsbaumeister a. D., Verbandsdirektor des Wupperverbandes. Mit einem Anhang: Die wichtigsten fremdsprachlichen Fachausdrücke. Mit 152 Abbildungen. IV, 487 Seiten. 1949.
DM 24.—, Ganzleinen 26.— DM

Das vorliegende Werk gibt in ausführlich erläuterten Stichworten einen Überblick über die im Wasserversorgungs- und Abwasserwesen gebräuchlichen Ausdrücke und Begriffe und stellt somit im Rahmen des Wasserwesens ein Wörterbuch dar, das sich auf das Trink-, Brauch- und Abwasser sowie auf einzelne Grenzgebiete erstreckt.

Es dient in erster Linie dem praktischen Gebrauch und ist für alle, die mit Trink-, Brauch-und Abwasser zu tun haben, ein Nachschlagewerk: den Wasserwerkleitern wie auch ihren Ingenieuren und Wassermeistern, dem großen Kreise der in der Abwasserwirtschaft tätigen, den Bauschaffenden sowie den Gewerbetreibenden und Industriellen, den Hygienikern und unter ihnen vor allem den Amtsärzten, schließlich auch den Verwaltungsbehörden jeder Art.

Neue Entwicklungen auf dem Gebiete der Chemie des Acetylens und Kohlenoxyds. Von Dr. phil. Dr. phil. nat. h. c. Dr.-Ing. e. h. *Walter Reppe*, Direktor der Badischen Anilin- und Soda-Fabrik, Ludwigshafen/Rhein, Leiter der Forschungslaboratorien. Mit 40 Abbildungen. VIII, 184 Seiten. 1949.   DM 21.—, Ganzleinen DM 24.60

Die vorliegende Schrift faßt vier Vorträge zusammen, in denen der Verfasser über die in den beiden vergangenen Jahrzehnten im Werk Ludwigshafen der I. G. Farbenindustrie A.-G., (Badische Anilin- und Sodafabrik) erzielten wesentlichen Fortschritte auf dem Gebiete der Chemie des Acetylens und des Kohlenoxyds berichtete.

Diese Arbeiten, die zunächst nur rein wissenschaftlichen Zwecken dienten und deren technische und kaufmännische Auswertung, wenn überhaupt, dann nur in weiter Ferne möglich erschien, wurden seitens des Vorstandes der I. G. Farbenindustrie A.-G. mit dem Einsatz großer Mittel gefördert, so daß sie aus dem Bereich der reinen Forschung über das Versuchsstadium in rascher Folge zur großtechnischen Produktion geführt haben.

Inhaltsübersicht: I. Vinylierung. — II. Äthynilierung. — III. Cyclisierende Polymerisation. — IV. Carbonylierung.

Brennstoffe, Kraftstoffe, Schmierstoffe. Eine Einführung in ihre Chemie und Technologie für Ingenieure. Von *Bruno Riediger*, Ing. Dr. tech. Dr. jur.   Siehe Seite 17

Oxydkeramik der Einstoffsysteme vom Standpunkt der physikalischen Chemie. Von Dr. *Eugen Ryschkewitsch*. Mit 132 Abbildungen. VI, 280 Seiten. 1948. DM 36.—

Das vorliegende Buch bildet den ersten Versuch, das neue Gebiet der Oxydkeramik, an deren Ausbau der Autor durch eigene mehrjährige Arbeiten beteiligt war, zusammenfassend zu schildern. Der eingenommene Standpunkt der physikalischen Chemie des festen Zustandes führte zur Auffassung, daß zwischen den oxydischen Systemen einerseits und den vielfach besser erforschten und technisch beherrschten metallischen Systemen andererseits innere Zusammenhänge existieren. Insofern erscheint es berechtigt, von der „Keramographie" solcher oxydisch-keramischen Systeme zu sprechen, im gleichen Sinne wie von der Metallographie auf dem Gebiete

[Oxydkeramik der Einstoffsysteme vom Standpunkt der physikalischen Chemie.]
der Metallkunde. Die Verfolgung der keramographischen Gesichtspunkte scheint geeignet, manche neuen Erkenntnisse und weiteren Zusammenhänge zutage zu fördern.
Inhaltsübersicht: I. Allgemeine Grundlagen der Oxydkeramik: 1. Einleitung: Mehrstoff- und Einstoff systeme. 2. Feinzerkleinerung. 3. Plastische Verformbarkeit oxydischer Massen. 4. Brennvorgänge an Einstoffsystemen. 5. Verbrennung und Hochtemperaturöfen. — II. Spezieller Teil: 1. Tonerde. 2. Spinell. 3. Magnesia. 4. Beryllerde. 5. Zirkonerde. 6. Zirkonsilikat. 7. Thorerde. 8. Cerdioxyd.

Physikalische und chemische Grundlagen der Keramik. Von Prof. Dr. *H. Salmang*, Maastrich. Mit etwa 116 Abbildungen. Etwa 320 Seiten.   (In Vorbereitung.)

Anleitung zur qualitativen Analyse. Von *Z. Schmidt* und *J. Gadamer*. Vierzehnte Auflage. Bearbeitet von Dr. *F. v. Bruchhausen*, o. ö. Professor der pharmazeutischen Chemie, Braunschweig. Mit 8 Tabellen. VIII, 109 Seiten. 1948.   DM 7.50
Inhaltsübersicht: Reaktionen. — Methode der qualitativen Untersuchung von Substanzen. — Eigentliche Analyse. — Anhang. — Sachverzeichnis.

Anleitung zum Praktikum der analytischen Chemie. Von Professor Dr. *S. W. Souci*. Unter Mitwirkung von Dozent Dr. *Heinrich Thies* und Professor Dr. Dr. *Franz Fischler*.
Erster Teil: **Praktikum der qualitativen Analyse.** Fünfte Auflage. VIII, 143 Seiten mit Schreibpapier durchschossen. 1949.   DM 6.50
Zweiter Teil: **Ausführung qualitativer Analysen.** Fünfte Auflage. XII, 127 Seiten. 1949.   DM 5.40
Die Anleitung zum Praktikum der analytischen Chemie ist aus langjährigen praktischen Erfahrungen entstanden, die sich im analytisch-chemischen Praktikum am Institut für Pharmazeutische und Lebensmittelchemie der Universität München bei der Unterrichtung der Studierenden herausgebildet haben.
Die Anleitung verfolgt den Zweck, dem Studierenden in möglichst kurzer Ausbildungszeit ein ausreichendes Maß an Wissen und Können auf dem Gebiete der analytischen Chemie zu vermitteln und ihm dabei gleichzeitig sichere Grundlagen für sein späteres Studium zu geben, wobei jedoch auf die eingehende und gründliche Behandlung des ausgewählten Stoffes besonderer Wert gelegt ist.

Anleitung zur organischen qualitativen Analyse. Von Dr. *Hermann Staudinger*, o. ö. Professor der Chemie, Direktor des Chemischen Universitätslaboratoriums und des Forschungsinstitutes für makromolekulare Chemie in Freiburg i. Br. Unter Mitarbeit von Dr. *Werner Kern*, pl. a. o. Professor für organische Chemie an der Universität Mainz. Fünfte Auflage. XII, 162 Seiten. 1948.   DM 8.40

Taschenbuch für Chemiker und Physiker. Herausgegeben von Dr.-Ing. *Jean D'Ans*, Professor an der Technischen Universität Berlin-Charlottenburg und Dr. phil. *Ellen Lax*, Physikerin in Berlin. Mit 350 Abbildungen und graphischen Darstellungen. Zweite, berichtigte Auflage. VIII, 1896 Seiten. 1949.   Ganzleinen DM 36.—
Das Taschenbuch für Chemiker und Physiker ist seit Jahren weiten Kreisen von Wissenschaftlern und Praktikern zu einem unentbehrlichen Vademecum für die Laboratoriumspraxis geworden. Da eine Neubearbeitung, die den praktischen Bedürfnissen und der wissenschaftlichen Entwicklung Rechnung trägt, längere Vorbereitungsarbeit erfordert, wird den vielfach geäußerten dringenden Wünschen durch Vorlage eines berichtigten Neudrucks entsprochen.

Systematik und qualitative Untersuchung capilaraktiver Substanzen. Von Dipl. chem. Dr. phil. *Bernhard Wurzschmitt*. Aus dem Untersuchungslaboratorium der BASF, Ludwigshafen a. Rh. (Sonderausgabe aus „Fresenius' Zeitschrift für analytische Chemie", Band 130, Heft 2/3.) Mit 1 Textabbildung. 81 Seiten. 1950.   DM 12.60
Von der vorliegenden Arbeit, zuerst veröffentlicht in Fresenius' Zeitschrift für analytische Chemie, wurde eine Sonderausgabe veranstaltet, weil es sich um eine grundlegende Untersuchung von höchster Wichtigkeit für die Praxis handelt. Sie ist der Niederschlag von Tausenden von Einzelversuchen, unternommen mit dem Ziel, ein zuverlässiges und doch einfaches Verfahren zur Erkennung und Bestimmung von synthetischen Waschmitteln und verwandten Textilhilfsmitteln zu entwickeln, die gewöhnlich nicht in Form einheitlicher Verbindungen vorliegen, sondern schwierig zu trennende Gemische darstellen. Der Verfasser hat diese Aufgabe gelöst, und es ist als besonderes Verdienst anzusehen, daß er die Ergebnisse seiner Arbeit den zahlreichen Interessenten zugänglich machte.

VII. Materialkunde, Materialprüfung

Abhandlungen, wissenschaftliche, der Deutschen Materialprüfungsanstalten. Herausgegeben vom leitenden Direktor des Materialprüfungsamtes Berlin-Dahlem.

II. Folge, 7. Heft: Holzschutzmittel. Prüfung und Forschung. III. Teil. Aus der Abteilung „Holzschutz" des Materialprüfungsamtes Berlin-Dahlem. Mit 66 Bildern im Text. Etwa 130 Seiten DIN A 4. 1949. **DM 21.—**

Inhaltsübersicht: Ergebnisse einer vergleichenden Prüfung der pilzwidrigen Wirkung von Holzschutzmitteln. Von *Bruno Schulze, Gerda Theden* und *Käte Starfinger.* — Ergebnisse einer vergleichenden Prüfung der insektentötenden Wirkung von Holzschutzmitteln. II. Teil. Von *Günther Becker.* — Prüfung der „Tropeneignung" von Holzschutzmitteln gegen Termiten. Von *Günther Becker.* — Laboratoriumsprüfung von Holzschutzmitteln gegen Meerwasserschädlinge. Von *Günther Becker* und *Bruno Schulze.* — Über das Eindringvermögen von Holzschutzmitteln und dessen Prüfung. II. Teil. Von *Bruno Schulze* und *Gerda Theden.* — Über die Prüfung von „Sperrstoffen" für den Holzschutz. Von *Gerda Theden.* — Einwirkung von Holzschutzmitteln auf die Holzfaser. Von *Bruno Schulze* und *Johannes Stamer.* — Die Beeinflussung der Brennbarkeit des Holzes durch Holzschutzmittel. Von *Horst Seekamp.* — Prüfung der Beeinflussung von Holzschutzmitteln durch Berührung mit Mörtel und eines etwaigen Durchschlagens ihrer färbenden Anteile. Von *Bruno Schulze.* — Verzeichnis der wissenschaftlichen Veröffentlichungen über „Holzschutz" und „Werkstoffbiologie" aus dem Materialprüfungsamt Berlin-Dahlem (1936 bis 1948).

II. Folge, Heft 6: Metalle und Metallkonstruktionen. Mit 146 Bildern im Text. 100 Seiten. 1944. DIN A 4. **DM 18.80**

Die Materialwirtschaft. Ihre Anwendung und Auswirkung in der Maschinen und Geräte bauenden Industrie. Von *M. H. Bauer.* Mit 60 Abbildungen. VIII, 206 Seiten. 1949. **DM 16.50**

Der Inhalt dieses Buches zeigt die Möglichkeiten, durch eine intensive Materialwirtschaft zu einem kleineren Aufwand bei einer größeren Ausbringung von Gegenständen, also zu einer größeren Leistung zu kommen, und behandelt Methoden, durch deren Anwendung sich Ersparnisse erzielen und die Produktion erhöhen lassen.

Inhaltsübersicht: Einleitung. — Was ist Material? — Materialordnung. — Materialmengenermittlung. — Materialherstellkosten. — Materialverluste bei der Erzeugung. — Materialverluste im Betriebe. — Materialbeschaffungsunterlagen. — Materialwirtschaft bei der Herstellung von Maschinen und Geräten. — Materialwirtschaft im ganzen. — usammenfassung. — Sachverzeichnis.

Materialprüfung mit Röntgenstrahlen unter besonderer Berücksichtigung der Röntgenmetallkunde. Von Dr. *Richard Glocker,* Professor für Röntgentechnik an der Technischen Hochschule Stuttgart. Dritte, erweiterte Auflage. Mit 349 Abbildungen. VIII, 440 Seiten. 1949. **Ganzleinen DM 58.—**

Das Anwendungsgebiet der Röntgenstrahlen als Hifsmittel bei der Materialprüfung hat einen gewaltigen Ausbau erfahren. Es hat sich zu einer praktisch wertvollen und unentbehrlich gewordenen Untersuchungsmethode ausgebildet und weitgehend Eingang in der Industrie gefunden. Das mit großer Sorgfalt verfaßte Buch, das die grundlegenden Forschungsarbeiten berücksichtigt, bildet ein Standardwerk der Röntgenmaterialprüfung.

Seit dem Erscheinen der letzten Auflage hat sich die Werkstoffprüfung mit Röntgenstrahlen weiterhin außerordentlich entwickelt. Ganz umgearbeitet wurden daher die Abschnitte über Grobstrukturuntersuchung, Röntgenlinienverbreiterung und Spannungsmessung. Hinzugekommen ist eine Darstellung der Atomanordnungen in amorphen festen Stoffen und in Flüssigkeiten, insbesondere in Metallschmelzen. Die Tabellen wurden auf den neusten Stand gebracht. Wie in den früheren Auflagen liegt das Schwergewicht auf der Beschreibung der Anwendungsweise der Verfahren an Hand von praktischen Beispielen, damit der Zweck des Buches erreicht wird, den Leser zu befähigen, selbst die einzelnen Verfahren auszuführen.

Inhaltsübersicht: Einleitung. — Erzeugung der Röntgenstrahlen. — Eigenschaften der Röntgenstrahlen. — Grobstrukturuntersuchung. — Spektralanalyse. — Feinstrukturuntersuchung. — Schrifttumsverzeichnis. — Sachverzeichnis.

Handbuch der Holzkonservierung. Von *Mahlke-Troschel.* Unter Mitwirkung von namhaften Fachleuten herausgegeben von Prof. Dr. *Johannes Liese,* Eberswalde. Dritte, neubearbeitete Auflage. Mit etwa 230 Abbildungen. Etwa 550 Seiten. (Erscheint im Sommer 1950.)

Lehrbuch der Metallkunde. Von Professor Dr. *G. Masing*, Institut für allgemeine Metallkunde Göttingen. Mit etwa 600 Abbildungen. Etwa 720 Seiten. 1950.

(Erscheint im Sommer 1950.)

Dieses Werk des Direktors des Instituts für allgemeine Metallkunde in Göttingen umfaßt die Lehre von den Metallen im elementaren metallischen Zustand und von ihren Beziehungen zueinander, also von den metallischen Aggregationen, vor allen Dingen im Kristall-Zustand und in der Schmelze. Eigenschaften, die durch das metallische Atom als solches bestimmt sind, sowie die salzartigen nichtmetallischen Verbindungen, in die Metalle eingehen, sind von dem Gebiet ausdrücklich ausgenommen.

Inhaltsübersicht: Einleitung — Einige allgemeine Grundlagen — Konstitutionslehre (Heterogene Gleichgewichte) — Der atomistische Aufbau der metallischen Systeme — Diffusion — Entstehung des kristallinischen Metallkörpers — Physikalische Eigenschaften der Metalle — Plastische Deformation und Verfertigung — Eigenspannungen — Rekristallisation und Erholung — Zustandsänderungen in kristallisierten Metallen — Chemische Reaktionen der Metalle mit nichtmetallischen Stoffen — Einzelne Metalle und Legierungen.

Kunstharzpreßstoffe und andere Kunststoffe. Eigenschaften, Verarbeitung und Anwendung. Von Oberingenieur *Walter Mehdorn*. Dritte, erweiterte Auflage. Mit 276 Abbildungen und einer Ausschlagtafel. VII, 354 Seiten. Ganzleinen DM 36.—

Das Buch wendet sich in erster Linie an den Techniker auf der Verbraucherseite, in dessen Vorstellung ein Preß- oder Spritzteil Gestalt gewinnt. Es gibt ihm soviel an Aufklärung über die Werkstoffe, die richtige Gestaltung des Stückes, die Arbeitsverfahren, die Anwendungsmöglichkeiten, aber auch -grenzen jeder einzelnen Werkstoffsorte, daß er Kunststoffe mit Erfolg benutzen kann.

Die Techniken des Pressens, des Preßspritzens und des Spritzgusses nehmen den größten Raum des Buches ein. Andere Verfahren, wie z. B. das Strangpressen, Ziehen und Blasen, werden am Rande mitbehandelt, da auch sie zuweilen angewendet werden müssen. Das Buch ist so schließlich eine mechanische Technologie der Kunststoffverarbeitung geworden.

Die dritte Auflage ist gegenüber der zweiten beträchtlich erweitert. Stärker ausgebaut wurden vor allem der Abschnitt über die thermoplastischen Kunststoffe, unter Einschluß der neuesten Vertreter dieses zukunftsträchtigen Gebietes, ferner die Schichtpreßstoffe und die Technik des Preßspritzens. Berücksichtigt wurden auch die gewaltigen Fortschritte, die in den USA in den letzten Jahren gemacht wurden.

Inhaltsübersicht: Ein Blick auf die jüngsten Fortschritte. Einleitung, Begriffe: Kunststoffe, Polymerate, Polykondensate. — Erster Abschnitt: Die Kunstharzpreßstoffe und andere Erzeugnisse auf der Basis härtbarer Kunstharze. — A. Formpreßstoffe. — B. Schichtpreßstoffe (organische und anorganische). — C. Gußharze. — D. Anilinharze. — E. Eiweiß-Kunststoffe. — Zweiter Abschnitt: Warmplastische Kunststoffe. — A. Allgemeines. — B. Zellulose-Kunststoffe. — C. Polymerisate. — D. Lineare Polykondensate. (Die Polyamide.) — E. Silikone. — F. Diverse Schichtpreßstoffe. — G. Die Warmverarbeitung. — Sachverzeichnis.

Ausgewählte chemische Untersuchungsmethoden für die Stahl- und Eisenindustrie Von Chem.-Ing. *Otto Niezoldi*. Vierte, vermehrte und verbesserte Auflage. VII, 184 Seiten. 1949. DM 9.60

Das Werk zerfällt in vier Teile: 1. Stahl und Eisen ausschließlich Ferrolegierungen; 2. Metalle und Legierungen; 3. Betriebsstoffe, insbesondere Brennstoffe, Schlacken, Zuschläge und feuerfeste Baustoffe, ausschließlich Ölprüfungen. Letztere sind genormt und eingehend in den Richtlinien für den Einkauf und die Prüfung von Schmiermitteln beschrieben; 4. Lösungen: Bereitung und Titerstellung der Lösungen zur Maßanalyse, Herstellung sämtlicher für die Analysen notwendiger Reagenzlösungen.

Die Edelstähle. Von Dr.-Ing. *Franz Rapatz*. Vierte, neubearbeitete Auflage. Mit etwa 250 Abbildungen und etwa 100 Zahlentafeln. Etwa VIII, 500 Seiten. 1950.

(In Vorbereitung.)

Das Buch behandelt in knapper Form, für den Wissenschaftler wie für den Praktiker bestimmt, Eigenschaften, Behandlung, Verwendungszweck und Erzeugung der Edelstähle.

Das Elektrostahlverfahren. Ofenbau, Elektrotechnik, Metallurgie und Wirtschaftliches. Nach *F. T. Sisco*. Zweite neubearbeitete Auflage von Dr.-Ing. *Heinz Siegel*, Düsseldorf. Mit zahlreichen Abbildungen. (In Vorbereitung.)

VIII. Werkstattstechnik, Arbeitsverfahren, Betriebswirtschaft

Kunstharzpreßstoffe und andere Kunststoffe. Eigenschaften, Verarbeitung und Anwendung. Von Oberingenieur *Walter Mehdorn*.   Siehe Seite 45.

Betriebswirtschaftliche Organisationslehre. Von Dr.-Ing. *Karl Wilhelm Hennig*, a. o. Professor der Betriebswirtschaftslehre an der Technischen Hochschule Hannover. Zweite Auflage. Mit 60 Abbildungen im Text und 4 Tafeln. 159 Seiten. 1948.
DM 10.50

Der Vorzug dieses Buches liegt vor allem in der vorzüglichen Systematik, die der Verfasser befolgt und die als Grundlage für ähnliche Versuche sehr wohl geeignet sein wird. Er liegt aber nicht minder auch in den zahlreichen, unmittelbar der Praxis entnommenen Beispielen, welche einen sehr guten Einblick in die praktische Gestaltung der Organisation gewähren. Es ist ein erfreuliches Buch, das wir guten Gewissens empfehlen können.
Schweizerische Zeitschrift für Betriebswirtschaft und Arbeitsgestaltung.

Inhaltsübersicht: Wesen der betriebswirtschaftlichen Organisationslehre. — Arbeitsgliederung. — Arbeitsablauf. — Organisierende und Organisieren.

Die Blechabwicklungen. Eine Sammlung praktischer Verfahren. Zusammengestellt von Ing. *Johann Jaschke*. Fünfzehnte, vermehrte und verbesserte Auflage. Mit 326 Abbildungen im Text und auf einer Tafel. IV, 100 Seiten. 1949.   DM 4.80

Eine durch mehrere Jahrzehnte bewährte Anleitung für den Konstrukteur, für den Vorzeichner und Anreißer mit zahlreichen Beispielen aus der Praxis.

Inhaltsübersicht: Einleitung. — Zylindrische und prismatische Körper. — Konische Körperformen. — Die Umdrehungsflächen. — Schraubenfläche. — Aus der Praxis des Abwickelns.

Praktische Stanzerei. Ein Buch für Betrieb und Büro mit Aufgaben und Lösungen. Von *Eugen Kaczmarek*, Dozent an der Ing.-Schule Gauß, Berlin. Dritte, erweiterte und verbesserte Auflage.

Erster Band: Schneiden und Stanzen. Mit 209 Textabbildungen. 1949. VIII, 176 Seiten.
DM 13.50

Zweiter Band: Ziehen, Hohlstanzen, Pressen, Automatische Zuführvorrichtungen. Mit 175 Textabbildungen. VII, 165 Seiten. 1949.
DM 13.50

Lange Erfahrung sowie zahlreiche Vorschläge aus Wissenschaft und Praxis haben den Verfasser veranlaßt, das behandelte Gebiet nach besonderen Gesichtspunkten abzugrenzen und den Stoff in zwei Teilen zu behandeln. Der e r s t e Band bringt das Schneiden und Stanzen von Flachteilen, die dazu erforderlichen Werkzeuge und Maschinen, zahlreiche Fertigungsbeispiele nach weniger bekannten Verfahren und einen technischen Nachschlageteil, der gerade dem Praktiker den Gebrauch des Buches und die rasche Beantwortung der auftretenden Fragen erleichtern soll. Der Aufbau des z w e i t e n Bandes entspricht dem des ersten; hier werden das Ziehen, Hohlstanzen, Pressen sowie die selbsttätigen Zuführvorrichtungen zur Automatisierung der Maschinen eingehend behandelt. Auch diesen Band beschließt wieder ein eigener technischer Nachschlageteil. Die vorliegende dritte Auflage berücksichtigt die werkstoffeinsparenden Arbeitsverfahren, mit denen sich die gegenwärtige Zeit und die Zukunft zu befassen haben wird.

Normungszahlen. Von Professor Dr.-Ing. *O. Kienzle*. (Schriftenreihe: „Wissenschaftliche Normung". 2. Heft.) Mit 149 Abbildungen und 79 Zahlentafeln. XII, 339 Seiten. 1950.
Etwa DM 26.—, Ganzleinen etwa DM 28.50

[Normungszahlen.]

Ein Buch, ohne das kein Konstrukteur, kein Betriebsmann, kein Normeningenieur im Sinne einer systematischen Festlegung von Bauelementen, Geräten, Maschinen und Fertigungsmitteln arbeiten kann, zugleich ein Buch der Normenmethodik.

Inhaltsübersicht: 1. Allgemeine Grundlagen für Zahlenreihen. — 2. Die Normungszahlen nach DIN 323: Reihen. — Bequemes Rechnen. — Abwandlungen. — Graphische Rechentafeln. — Konstruktion von Gegenstandsreihen. — 3. Anwendung auf Grundnormen: Abmessungen. — Maßstäbe. — Leistungen. — Gewichte. — Versuchswesen. — Toleranzen. — 4. Anwendung im Maschinenbau: Bauteile. — Getriebe. — Hydraulik. — Typnormen. — Kolbenmaschinen und Werkzeugmaschinen. — Werkzeuge. — 5. Verschiedene Anwendungen u. a. Papier und Schriftwesen.

Klingelnberg, Technisches Hilfsbuch. Herausgegeben von Baurat Dipl.-Ing. *Ernst Preger*, Frankfurt a. M. und Dipl.-Ing. *Rudolf Reindl*, Jena. Zwölfte, überarbeitete Auflage von „Schuchardt und Schüttes Technisches Hilfsbuch." Mit zahlreichen Abbildungen und Zahlentafeln. VIII, 762 Seiten. 1944. DM 15.—, gebunden DM 18.—

Nach wie vor dient das Technische Hilfsbuch den Bedürfnissen der unmittelbaren Praxis in Konstruktionsbüro und Werkstattbetrieb vom Betriebsleiter bis zum Facharbeiter und bietet den auf engstem Raum zusammengefaßten Stoff leichtverständlich ohne weiteres anwendbar dar. Zahlreiche Hinweise auf Buch- und Zeitschriften-Schrifttum führen suchende Leser zu ausführlicheren Darstellungen in dem betreffenden Gebiet.

Inhaltsübersicht: Mathematik. — Maße und Maßsysteme. — Technische Hilfswissenschaften. — Werkstoffe. — Warmbehandlung von Metallen. — Schutz von Metallen. — Verbindende und zerteilende Bearbeitung. — Feinmeßwesen. — Maschinenelemente. — Einiges über Werkzeugmaschinen. — Organisatorische Werkstattfragen. — Verschiedenes. — Sachverzeichnis.

Toleranzen und Lehren. Von Dr.-Ing. *Paul Leinweber.* Fünfte Auflage. Mit 147 Abbildungen im Text. VI, 138 Seiten. 1948.   DM 8.40

Um den Forderungen der Mengenfertigung gerecht werden zu können, muß vom Konstrukteur die Kenntnis der Werkzeugmaschinen und Fertigungsverfahren verlangt werden, er muß über Vorrichtungen und Werkzeuge Bescheid wissen; ferner muß er die Mittel zum Prüfen der halbfertigen und fertigen Einzelteile, Baugruppen und Geräte kennen. Diesem Fachgebiet der Lehren und dem damit zusammenhängenden der Toleranzen stehen viele Konstrukteure mit Scheu gegenüber.

Das vorliegende Buch bringt hierüber soviel Wissenswertes, als für den Entwurf einer meßtechnisch richtigen Konstruktion und die Anfertigung einer zweckmäßig bemaßten und tolerierten Werkstattzeichnung notwendig erscheint.

Inhaltsübersicht: Grundlagen. — Toleranzen. — Lehren. — Anhang: Ausgewählte Abschnitte aus dem Lehrenbau. — Schrifttum. — Stichwortverzeichnis.

Die Gewinde. Fertigung, Berechnung, Toleranzen, Normungen, Messungen. Eine gemeinfaßliche Darstellung für Schule und Werkstatt. Von Dr.-Ing. *Paul Leinweber.* Mit etwa 230 Abbildungen. Etwa 240 Seiten.   (In Vorbereitung.)

Schnitt-, Stanz- und Ziehwerkzeuge. Unter besonderer Berücksichtigung der Werkzeugstähle und Normung mit zahlreichen Konstruktions- und Berechnungsbeispielen. Von Dozent Dr.-Ing. habil. *Gerhard Oehler* und Oberingenieur *Fritz Kaiser.* VII, 272 Seiten. Mit 266 Abbildungen. 1949.   Ganzleinen DM 18.—

Die rasch fortschreitende Entwicklung der Stanzereitechnik und besonders die weitgehende wirtschaftliche Ausnutzung sämtlicher Betriebsmittel haben es notwendig erscheinen lassen, den Rahmen des früheren „Taschenbuches für Schnitt- und Stanzwerkzeuge" zu verlassen und ein den heutigen Bedürfnissen mehr entsprechendes umfassenderes neues Buch herauszubringen. In diesem werden die Konstruktion der Werkzeuge und deren Herstellung sowie deren Ingebrauchnahme ausführlicher beschrieben, wobei besonders auf die Schwierigkeiten und Fehlerursachen bei den einzelnen Werkzeugen und Arbeitsverfahren, vornehmlich beim Tiefziehen, eingegangen wird.

Als Mitarbeiter für dieses Buch wurde Oberingenieur *Fritz Kaiser,* der frühere Betriebsleiter der Dresdener Zeiß-Ikon-Werkzeugfabrik, gewonnen, der im AWF-Stanzerei-Ausschuß an der Ausarbeitung der Normen, die später vom NDI übernommen wurden, maßgebend beteiligt war.

[Schnitt-, Stanz- und Ziehwerkzeuge.]

Inhaltsübersicht: Arbeitsvorbereitung vor Beginn der Konstruktion. — Konstruktionsrichtlinien für Schnittwerkzeuge. — Konstruktive Ausführung einzelner Schnittwerkzeuge. — Konstruktionsrichtlinien für Stanzwerkzeuge. — Konstruktive Ausführung einzelner Stanzwerkzeuge. — Tiefziehen — Konstruktive Ausführung einzelner Ziehwerkzeuge. — Berechnung der Schraubenfedern. — Werkstoff für Werkzeuge. — Vermeidung von Ausschuß in der Härterei. — Schleifen von Schnittwerkzeugen. — Behandlungs- und Bearbeitungshinweise für die verschiedenen Bleche. — Alphabetisches Stichwortverzeichnis. — Sachwortverzeichnis.

Grundzüge der Schweißtechnik. Kurzgefaßter Leitfaden. Von Dipl.-Ing. *Th. Ricken,* Baurat an der Staatl. Ingenieurschule Frankfurt a. M. Zweite, verbesserte und ergänzte Auflage. Mit 105 Abbildungen im Text. 72 Seiten. 1949. DM 5.—

Das Buch, dessen Neuauflage durch die Kriegs- und Nachkriegsverhältnisse um viele Jahre verzögert wurde, ist in seinem Aufbau im wesentlichen unverändert geblieben, jedoch entsprechend dem neuesten Stande der Schweißtechnik berichtigt und ergänzt worden.

Inhaltsübersicht: Einleitung. — Die Preßschweißverfahren. — Die Thermitschweißung. — Die Schmelzschweißverfahren. — Entwurf, Berechnung und Ausführung geschweißter Bauteile. — Sondergebiete der Schweißtechnik. — Die Prüfung der Schweißnähte. — Kostenangaben für Schweißnähte. — Sachverzeichnis.

Was ist Stahl? Einführung in die Stahlkunde für Jedermann. Von *Leopold Scheer.* Achte Auflage. Mit 49 Abbildungen und einer Tafel. VI, 107 Seiten. 1949. DM 5.70

Auch ein nur oberflächliches Eindringen in das Wesen des Stahls ist dem Nichtfachmann im allgemeinen versagt geblieben. Der Verfasser des vorliegenden Buches hat sich in langen Jahren durch einen Berg von Fachliteratur durchgearbeitet und kennt aus eigner Erfahrung die Schwierigkeiten, die sich dem technisch nicht Vorgebildeten auf diesem interessanten Gebiete entgegenstellen. Er bemüht sich in dieser Schrift, in leicht verständlicher Form und in gedrängtem, aber ausreichendem Maße einen Begriff vom Wesen des Stahles zu geben.

Praktisches Handbuch der gesamten Schweißtechnik. Von Prof. Dr.-Ing. *Paul Schimpke,* Chemnitz und Ober-Ing. *Hans A. Horn,* Berlin-Charlottenburg.

Nachdem Mitte 1948 der erste Band dieses langjährig bewährten Handbuches in vierter Auflage erschien, liegt jetzt der zweite Band in fünfter Auflage vor.

Erster Band: **Gasschweiß- und Schneidtechnik.** Vierte, umgearbeitete Auflage. Mit 412 Textabbildungen. VIII, 400 Seiten. 1948. DM 19.50

In der Neuauflage wurden die werkstofflichen Grundlagen, die Metallurgie des Schweißens und die Prüfung der Schweißverbindungen erweitert. Die autogene Oberflächenhärtung und die wichtiger werdende Kunststoffschweißung wurden neu behandelt, Bilder neuer Schweißgeräte und Entwickler aufgenommen, wie überhaupt dem heutigen Stande der Metallbearbeitung weitgehend Rechnung getragen.

Inhaltsübersicht: Einleitung. — Die schweißbaren Metalle. — Die Einzeleinrichtungen für die Gasschweißung. — Die Technik der Gasschweißung. — Randgebiete der autogenen Metallbearbeitung. — Das Löten mit dem Schweißbrenner. — Das Brennschneiden (autogenes Schneiden). — Unfallverhütung. — Die Güte der Schweißnaht und ihre Prüfung. — Leistungen und Kosten der Gasschweißverfahren. — Förderung der Gasschweißtechnik. — Sachverzeichnis.

Zweiter Band: **Elektrische Schweißtechnik.** Fünfte, neubearbeitete und vermehrte Auflage. Mit 520 Textabbildungen. IX, 444 Seiten. 1950. Gebunden DM 28.50

Werkstoffkunde, Schalt- und Arbeitsweise der Schweißmaschinen wurden weiter ausgebaut, die Fortschritte des elektrischen Lichtbogenschweißens wurden behandelt. Der Band berücksichtigt vor allem die Bedürfnisse der Praxis und wendet sich ebenso sehr an den Schweißfachingenieur, wie an Fachlehrer und Meister.

Inhaltsübersicht: Einleitung. — Die schweißbaren Metalle. — Die Widerstandsschweißverfahren. — Die Lichtbogenschweißung. — Die gas-elektrischen Schweißverfahren. — Das elektrische Schneiden. — Elektrisches Unterwasserschweißen und -schneiden. — Die Güte der Schweißnaht und ihre Prüfung. — Leistungen und Kosten der elektrischen Schweißverfahren. — Förderung des elektrischen Schweißens. — Sachverzeichnis.

Werkstückspanner (Vorrichtungen). Von *Karl Schreyer,* Oberingenieur in Berlin. Mit 1100 Bildern und 22 Tafeln im Text. VIII, 382 Seiten. 1949. Ganzleinen DM 36.—

[Werkstückspanner.]

Unter Werkstückspannern (Vorrichtungen) werden jene Fertigungsmittel verstanden, die das „Werkstück" spannen. Ein späteres Buch wird die „Werkzeugspanner" behandeln. Der Verfasser hat das umfangreiche Gebiet der Vorrichtungen und der mit diesen zu erfüllenden Aufgaben systematisch gegliedert. Für die Gestaltung von Vorrichtungen wurden vorzugsweise die Grundlagen behandelt. Dabei wurde möglichst alles gebracht, was vom Konstrukteur beim Gestalten von Vorrichtungen gebraucht wird. Mit Rücksicht auf den Nachwuchs wurden auch einfachere Dinge betrachtet. Über die vorrichtungsgerechte Gestaltung des Werkstückes sowie über Fertigungsverfahren wird das Wichtigste gebracht.

Inhaltsübersicht: I. Begriffsbestimmung. — II. Benennung und Einteilung. — III. Verwendungszweck. — IV. Wirtschaftlichkeit. — V. Allgemeine Gestaltungsrichtlinien. — VI. Das Werkstück. — VII. Vorrichtung und Werkstück. — VIII. Vorrichtung und Werkzeug. — IX. Vorrichtung und Werkzeugmaschine. — X. Vorrichtung und Lehre. — XI. Vorrichtungen für bestimmte Fertigungsgebiete. — XII. Zeichnungswesen. — XIII. Fertigungsgerechte Gestaltung von Vorrichtungsteilen. — XIV. Werkstoffe für den Vorrichtungsbau. — XV. Verzeichnis von Normblättern und Tafeln. — XVI. Schrifttum. — Sachverzeichnis.

Werkstattbücher für Betriebsbeamte, Konstrukteure und Facharbeiter. Herausgeber: Dr.-Ing. *H. Haake*, Hamburg. Jedes Heft 50—70 Seiten stark, mit zahlreichen Textabbildungen.

Die Werkstattbücher behandeln das Gesamtgebiet der Werkstattstechnik in kurzen selbständigen Einzeldarstellungen; anerkannte Fachleute und tüchtige Praktiker bieten hier das Beste aus ihrem Arbeitsfeld, um ihre Fachgenossen schnell und gründlich in die Betriebspraxis einzuführen. Die Werkstattbücher stehen wissenschaftlich und betriebstechnisch auf der Höhe, sind dabei aber im besten Sinne gemeinverständlich, so daß alle im Betrieb und auch im Büro Tätigen, vom vorwärtsstrebenden Facharbeiter bis zum leitenden Ingenieur, Nutzen aus ihnen ziehen können.

Indem die Sammlung so den einzelnen zufördern sucht, wird sie dem Betrieb als Ganzem nutzen.

Zur Zeit sind die folgenden Hefte lieferbar oder in Vorbereitung:

1. Heft: **Gewindeschneiden.** Von *O. M. Müller*. Fünfte Auflage. Mit 182 Abbildungen im Text. 56 Seiten. 1949.   DM 3.60

3. Heft: **Das Anreißen in Maschinenbauwerkstätten.** Von *H. Mauri*. Dritte, neubearbeitete und erweiterte Auflage des vorher von *F. Klautke* † bearbeiteten Heftes. Mit 158 Abbildungen und 4 Tabellen im Text. 62 Seiten. 1943. (Neudruck 1948.)   DM 3.60

4. Heft: **Wechselräderberechnung für Drehbänke** unter Berücksichtigung der schwierigen Steigungen. Sechste, verbesserte Auflage. Von *E. Mayer*. Mit 12 Abbildungen im Text und 8 Tabellen. Etwa 64 Seiten. (In Vorbereitung.)   DM 3.60

5. Heft: **Das Schleifen und Polieren der Metalle.** Von *O. Werkmeister*. Vierte, umgearbeitete Auflage des zuerst von *B. Buxbaum* verfaßten Heftes. Mit 3 Textabbildungen. 64 Seiten. 1947.   DM 3.60

6. Heft: **Teilkopfarbeiten.** Von *W. Pockrandt*. Vierte Auflage. Mit 45 Abbildungen im Text. 55 Seiten.   DM 3.60

7. Heft: **Härten und Vergüten des Stahles.** Von *H. Herbers*. Fünfte, völlig umgearbeitete und vermehrte Auflage. Mit 109 Abbildungen und 5 Tabellen im Text. 68 Seiten. 1947.   DM 3.60

9. Heft: **Rezepte für die Werkstatt.** Von *F. Spitzer*. Fünfte, neubearbeitete Auflage. 64 Seiten. 1948.   DM 3.60

12. Heft: **Freiformschmiede.** 2. Teil: Konstruktion und Ausführung von Schmiedestücken (Schmiedebeispiele). Dritte, neubearbeitete Auflage. Von *A. Stodt*. Mit 107 Abbildungen im Text. Etwa 64 Seiten.   DM 3.60

13. Heft: **Die neueren Schweißverfahren.** Von *Paul Schimpke*. Siebente Auflage. Mit 77 Abbildungen im Text. Etwa 64 Seiten.   DM 3.60

[Werkstattbücher für Betriebsbeamte, Konstrukteure und Facharbeiter.]

14. Heft: Der Holzmodellbau. 1. Teil: Allgemeines. Einfachere Modelle. Dritte, verbesserte Auflage. Von *R. Löwer.* Mit 141 Abbildungen im Text. Etwa 64 Seiten.
DM 3.60

15. Heft: Bohren. Von *J. Dinnebier.* Vierte, verbesserte Auflage. Mit 181 Abbildungen im Text. Etwa 68 Seiten.
DM 3.60

16. Heft: Senken und Reiben. Von *J. Dinnebier.* Vierte, verbesserte Auflage. Mit 211 Abbildungen im Text. 58 Seiten.
DM 3.60

17. Heft: Der Holzmodellbau. 2. Teil: Beispiele an Modellen und Schablonen zum Formen. Dritte, verbesserte Auflage. Von *R. Löwer.* Mit etwa 179 Abbildungen im Text. Etwa 64 Seiten. (In Vorbereitung.)
DM 3.60

19. Heft: Der Grauguß. Seine Herstellung, Zusammensetzung, Eigenschaften und Verwendung. Von *Chr. Gilles* †. Dritte Auflage des bisher unter dem Titel „Gußeisen" erschienenen Heftes. Mit 34 Abbildungen im Text. Etwa 48 Seiten. DM 3.60

22. Heft: Die Fräser. Ihre Konstruktion und Herstellung. Von *E. Brödner.* Vierte, berichtigte Auflage. Mit 144 Abbildungen im Text. 64 Seiten. 1948. DM 3.60

26. Heft: Innenräumen. Von *L. Knoll* †. Dritte, völlig umgearbeitete und erweiterte Auflage von *A. Schatz.* Mit etwa 112 Abbildungen im Text. Etwa 64 Seiten. (In Vorbereitung.)
DM 3.60

28. Heft: Das Löten. Von *W. Burstyn.* Dritte, ergänzte Auflage. Mit 74 Abbildungen und 6 Tabellen im Text. 48 Seiten. 1944.
DM 2.—

29. Heft: Einbau und Wartung der Wälzlager. Von *W. Jürgensmeyer.* Zweite Auflage. Mit etwa 102 Abbildungen und 2 Tafeln im Text. Etwa 64 Seiten. (In Vorbereitung.)
DM 3.60

31. Heft: Gesenkschmieden von Stahl. Von *H. Kaeßberg.* 1. Teil: Technologische Grundlagen der Gestaltung von Schmiedestücken und Schmiedewerkzeugen. Dritte, neubearbeitete Auflage. Mit 170 Abbildungen im Text. Etwa 60 Seiten. DM 3.60

33. Heft: Der Vorrichtungsbau. Von *H. Mauri.* 1. Teil: Einteilung, Einzelheiten und konstruktive Grundsätze. Fünfte Auflage des vorher von *F. Klautke* † bearbeiteten Heftes. Mit etwa 315 Abbildungen im Text. 1949. 63 Seiten. DM 3.60

34. Heft: Werkstoffprüfung (Metalle). Von *P. Riebensahm-Traeger.* Vierte Auflage von *P. Riebensahm.* Mit 121 Abbildungen im Text. 63 Seiten. 1949. DM 3.60

38. Heft: Das Vorzeichnen im Kessel- und Apparatebau. Von *A. Dorl.* Zweite, verbesserte Auflage. Mit 82 Abbildungen im Text. 64 Seiten. 1947. DM 3.60

42. Heft: Der Vorrichtungsbau. Von *H. Mauri.* 3. Teil: Wirtschaftliche Herstellung und Ausnutzung der Vorrichtungen. Dritte, neubearbeitete und erweiterte Auflage des vorher von *F. Klautke* † bearbeiteten Heftes. Mit 124 Abbildungen im Text. 62 Seiten. 1946.
DM 3.60

43. Heft: Das Lichtbogenschweißen. Von *E. Klosse.* Vierte Auflage. Mit 178 Abbildungen im Text. Etwa 64 Seiten.
DM 3.60

47. Heft: Die Zahnformen der Zahnräder. Grundlagen, Eingriffsverhältnisse und Entwurf der Verzahnungen. Von *H. Trier.* Dritte, verbesserte Auflage. Mit 97 Abbildungen und 25 Tabellen im Text. 74 Seiten. 1949. DM 3.60

48. Heft: Öl im Betrieb. Von *K. Krekeler.* Zweite, verbesserte Auflage. Mit 46 Abbildungen im Text. 56 Seiten. 1943.
DM 2.—

[Werksttatbücher für Betriebsbeamte, Konstrukteure und Facharbeiter.]

52. Heft: Technisches Rechnen. Von *V. Happach.* 1. Teil: Regeln, Formeln und Beispiele für das Rechnen mit Zahlen und Buchstaben zum Gebrauch in Werkstatt, Büro und Schule. Vierte Auflage. Mit 50 Abbildungen im Text. 64 Seiten. 1948.
DM 3.60

58. Heft: Gesenkschmieden von Stahl. Von *H. Kaeßberg.* 2. Teil: Die Gestaltung der Schmiedewerkzeuge. Zweite Auflage. Mit etwa 117 Abbildungen im Text. Etwa 60 Seiten. (In Vorbereitung.)
DM 3.60

60. Heft: Stanztechnik. Von *W. Sellin.* 4. Teil: Formstanzen. Zweite Auflage. Mit 126 Abbildungen im Text. 58 Seiten. 1949.
DM 3.60

61. Heft: Die Zerspanbarkeit der Werkstoffe. Von *K. Krekeler.* Dritte, verbesserte Auflage. Mit 70 Abbildungen im Text. 64 Seiten.
DM 3.60

63. Heft: Der Dreher als Rechner. Wechselräder-, Kegel- und Arbeitszeitberechnungen in einfacher und anschaulicher Darstellung zum Selbstunterricht und für die Praxis. Von *E. Busch.* Vierte Auflage. Mit 23 Abbildungen im Text. 64 Seiten. 1947.
DM 3.60

64. Heft: Metallographie. Grundlagen und Anwendungen. Von *O. Mies* †. Dritte Auflage. Mit 186 Abbildungen im Text. 68 Seiten. 1949.
DM 3.60

66. Heft: Maschinenformerei. Von *H. Allendorf.* Zweite Auflage des vorher von *U. Lohse* † bearbeiteten Heftes. Mit 137 Abbildungen im Text. 72 Seiten.
DM 3.60

69. Heft: Elektrowärme in der Eisen- und Metallindustrie. Von *O. Wundram.* Zweite Auflage. Mit 91 Abbildungen im Text. Etwa 64 Seiten. (In Vorbereitung.)
DM 3.60

71. Heft: Die wirtschaftliche Verwendung von Mehrspindelautomaten. Von *H. H· Finkelnburg.* Zweite, erweiterte Auflage. Mit 68 Abbildungen im Text. 56 Seiten. 1949.
DM 3.60

72. Heft: Fachkunde für den Modellbau. Von *E. Kadlec.* Zweite Auflage. Mit etwa 330 Abbildungen und 22 Tabellen im Text. Etwa 64 Seiten. (In Vorbereitung.)
DM 3.60

73. Heft: Widerstandsschweißen. Von *W. Fahrenbach.* Zweite Auflage. Mit 144 Abbildungen. 64 Seiten. 1949.
DM 3.60

74. Heft: Praktische Regeln für den Elektroschweißer. Anleitungen und Winke auf der Praxis für die Praxis. Von *R. Hesse.* Dritte Auflage. Mit 120 Abbildungen im Text. 56 Seiten.
DM 3.60

81. Heft: Die wirtschaftliche Verwendung von Einspindelautomaten. Von *H. H. Finkelnburg.* Zweite Auflage. Mit 90 Abbildungen im Text. 60 Seiten. 1949.
DM 3.60

84. Heft: Hohe Drehzahlen durch Schnellfrequenz-Antrieb. Von *F. Beinert* und *H. Birett.* Mit 104 Abbildungen und 8 Tabellen im Text. 63 Seiten. 1940. DM 2.—

85. Heft: Das Schweißen der Leichtmetalle. Von *Th. Ricken.* Zweite Auflage. Mit 156 Abbildungen im Text. 64 Seiten. 1949.
DM 3.60

87. Heft: Die Kraftübertragung durch Zahnräder. Betriebsverhältnisse, Abmessungen und Bauformen in Vorgelegen und Umlaufgetrieben. Von *H. Trier.* Zweite Auflage. Mit 73 Abbildungen und 17 Tabellen im Text. 64 Seiten. 1949.
DM 3.60

88. Heft: Das Fräsen. Von *H. H. Klein.* Zweite Auflage. Mit 136 Abbildungen und 29 Tabellen im Text. 67 Seiten. 1948.
DM 3.60

89. Heft: Brennhärten. Von *H. W. Grönegreß.* Zweite Auflage. Mit etwa 73 Abbildungen im Text. Etwa 66 Seiten.
DM 3.60

4*

[Werkstattbücher für Betriebsbeamte, Konstrukteure und Facharbeiter.]

90. Heft: **Technisches Rechnen.** Von *V. Happach.* 2. Teil: Zeichnerische Darstellung als Rechenhilfsmittel (graphisches Rechnen) mit Beispielen aus der Technik und ihren Hilfswissenschaften. Dritte Auflage. Mit 162 Abbildungen. 64 Seiten. 1949. DM 3.60

92. Heft: **Dichtungen.** Von *K. Trutnovsky.* Mit 151 Abbildungen im Text. 60 Seiten. 1949. DM 3.60

94. Heft: **Werkzeugschleifen.** Von *A. Rottler.* Mit 134 Abbildungen im Text. 60 Seiten. 1949. DM 3.60

96. Heft: **Stufenlos verstellbare Getriebe.** Von *F. W. Simonis.* Mit 86 Abbildungen im Text. 50 Seiten. 1949. DM 3.60

97. Heft: **Spitzenloses Schleifen.** Von *W. Hofmann.* Mit 99 Abbildungen im Text. 54 Seiten. DM 3.60

98. Heft: **Instandhalten von Werkzeugmaschinen.** Von *H. H. Peineke.* Mit etwa 45 Abbildungen im Text. 60 Seiten. DM 3.60

99. Heft: **Arbeitsvorbereitung.** Kaufmännisch-finanzielle Vorüberlegungen, Werkstoff- und Fertigungstechnische Planungen. Von *F. Pristl.* 1. Teil: Mit etwa 91 Abbildungen und 16 Tabellen im Text. Etwa 64 Seiten. DM 3.60

IX. Verkehrswesen

Handbuch für die Schiffsführung.
Erster Band: Navigation. Herausgegeben von *Johannes Müller* †, Kapitän, *Joseph Krauß*, Seefahrtsschuldirektor i. R. und Kapitän *Martin Berger*, Studienrat an der Seefahrtsschule in Bremen. Vierte, erweiterte und verbesserte Auflage. Mit 199 Abbildungen und einer mehrfarbigen Tafel. XV, 349 Seiten. 1950. Ganzleinen DM 25.50

Der vorliegende I. Band enthält die Richtlinien für den Schiffsdienst, die Navigation im engeren Sinne, die Wetter- und Meereskunde und einen kurzen Abriß der Mathematik. Herausgeber und Verlag hoffen, den II. Band mit den übrigen Wissensgebieten bald folgen lassen zu können.
In allen Teilen des Buches sind Erweiterungen und Verbesserungen vorgenommen worden. Die neueste Entwicklung der Funknavigation ist gebührend berücksichtigt.

Inhaltsübersicht: I. Richtlinien für den Schiffsdienst. — II. Terrestrische Navigation. — III. Funknavigation. — IV. Astronomische Navigation. — V. Kompaßkunde.— VI. Fernrohre, Doppelgläser und Scheinwerfer. — VII. Gezeitenkunde. — VIII. Meteorologische Navigation. — IX. Einiges aus der Mathematik. — Anhang: Verzeichnis der Tabellen. — Im Buche angewendete Abkürzungen. — Sachverzeichnis.

Eisenbahnanlagen und Fahrdynamik. Von Dr.-Ing. *Wilhelm Müller*, Professor an der Technischen Hochschule Aachen.
Erster Band: Bahnhöfe und Fahrdynamik. Mit etwa 185 Abbildungen. Etwa 350 Seiten. (In Vorbereitung.)

Die Grundlagen der Verkehrswirtschaft. Von Dr.-Ing. *Carl Pirath*, o. Professor an der Technischen Hochschule Stuttgart. Zweite, erweiterte Auflage. Mit 120 Abbildungen im Text und auf 2 Tafeln. VIII, 315 Seiten. 1949. DM 36.—, gebunden DM 39.—

Die durchweg günstige Aufnahme der ersten Auflage in den Kreisen von Wissenschaft, Verwaltung und Praxis hatte bereits kurz vor dem zweiten Weltkrieg wegen Erschöpfung der Auflage eine Neuherausgabe nötig gemacht. Der Kriegsausbruch verhinderte sie jedoch. Wohl zu keiner Zeit ist die Neuordnung des erschütterten, aber ewig lebendigen Rhythmus zwischen dem Verkehr und dem menschlichen Zusammenleben auf die wissenschaftlichen Grundlagen der Verkehrswirtschaft der Friedenszeit so sehr angewiesen, als in der Störungszeit des staatlichen, wirtschaftlichen und kulturellen Lebens in den Nachkriegsjahren.
Form und Inhalt der ersten Auflage wurden, da im Läuterungsbad der Kritik von Wissenschaft und Praxis in zehnjähriger Anwendungszeit bewährt, grundsätzlich beibehalten. Ergänzungen wurden entsprechend der fortgeschrittenen Entwicklung im Verkehrswesen und vor allem auf Grund neuer Forschungsergebnisse auf dem Gebiet der Verkehrswirtschaft eingefügt.

Inhaltsübersicht: Die Verkehrswirtschaft und ihre Bedeutung für die Allgemeinwirtschaft. — II. Die Verkehrsbedürfnisse und die Ausdrucksformen des Verkehrs. — III. Verkehr und Raumordnung. — IV. Die betriebs- und verkehrswirtschaftlichen Grundlagen der verschiedenen Verkehrsmittel. — V. Wissenschaftliche Betriebsführung im Verkehrswesen. — VI. Die organisatorischen Grundlagen der Verkehrsmittel. — VII. Staat und Verkehr im Wandel der Zeiten. — VIII. Die Synthese der verschiedenen Verkehrsmittel im Dienste der Volkswirtschaft.

X. Zeitschriften

Konstruktion. Zeitschrift für das Berechnen und Konstruieren von Maschinen, Apparaten und Geräten. Herausgeber: Professor Dr.-Ing. *F. Sass.* Hauptschriftleiter: Dr.-Ing. *F. zur Nedden.* Erscheint monatlich. Vierteljährlich DM 9.—

Die Zeitschrift behandelt das Berechnen und Konstruieren von Kraft- und Arbeitsmaschinen, Apparaten und Geräten sowie die dafür erforderlichen wissenschaftlichen Grundlagen. Sie befaßt sich mit den gemeinsamen Gesichtspunkten und den typischen Einzelheiten der Konstruktion auf den verschiedensten Gebieten, und berichtet in einem besonderen Referatenteil laufend über das einschlägige Schrifttum des In- und Auslandes.

Der Bauingenieur. Zeitschrift für das gesamte Bauwesen. Herausgeber: Professor Dr.-Ing. *F. Schleicher,* Düsseldorf. Mitherausgeber: Professor Dr.-Ing. *A. Mehmel,* Darmstadt. Erscheint monatlich. Vierteljährlich DM 9.—

Behandelt das gesamte Gebiet des Bauingenieurwesens und bringt Aufsätze über Theorie und Praxis der Konstruktionen, über wichtige Bauausführungen, über Baustoffe sowie Berichte über Fortschritte des Auslandes, Normungsfragen, Tagungen und Buchbesprechungen.

Werkstattstechnik und Maschinenbau. Zeitschrift für Fertigung im Maschinenbau, Apparatebau und Feinmechanik, Organ der Arbeitsgemeinschaft Deutscher Betriebsingenieure und der Arbeitsgemeinschaft für fertigungstechnisches Meßwesen im VDI. Herausgeber: Professor Dr.-Ing. *O. Kienzle.* Erscheint monatlich in Gemeinschaft mit dem Deutschen Ingenieur-Verlag Düsseldorf. Vierteljährlich DM 5.—

Berichtet über alle werkstatttechnischen Fragen im Maschinenbau, Apparatebau und in der Feinmechanik, also über Arbeitsverfahren, einschließlich des Verhaltens der Werkstoffe bei der Verarbeitung, über Werkzeugmaschinen, Werkzeuge und Vorrichtungen der spanenden und der umformenden Bearbeitung, ferner über Maßnahmen für rationelle Fertigung, über Grundsätze und Nutzanwendung der Normung und Typnormung, über Werkstätteneinrichtung sowie über die Arbeitsstudien im Sinne des REFA und über die Betriebsmaßnahmen für den Arbeitsschutz.

BWK Brennstoff-Wärme-Kraft. Zeitschrift für Energiewirtschaft. In Fortführung der Zeitschriften „Archiv f. Wärmewirtschaft“, „Die Wärme“, „Feuerungstechnik“ und „Wärme- und Kältetechnik“ als Organ des Vereines Deutscher Ingenieure und der Vereinigung der Technischen Überwachungsvereine E. V. unter Mitwirkung des Ausschusses für Wärme- und Kraftwirtschaft herausgegeben von Dr.-Ing. *F. zur Nedden* VDI, Berlin. Erscheint monatlich in Gemeinschaft mit dem Deutschen Ingenieur-Verlag Düsseldorf. Vierteljährlich DM 7.50

Ingenieur-Archiv. Unter Mitwirkung der Gesellschaft für angewandte Mathematik und Mechanik zusammen mit Professor Dr. *A. Betz,* Göttingen, Geh. Regierungsrat Professor Dr.-Ing. *A. Hertwig,* Berlin, Professor Dr.-Ing. *K. Klotter,* Karlsruhe i. B., Professor Dr.-Ing. *K. v. Sanden,* Karlsruhe, Professor Dr.-Ing. *E. Schmidt,* Braunschweig, Professor Dr.-Ing. *E. Sörensen,* Augsburg, herausgegeben von Professor Dr.-Ing. Dr. *R. Grammel,* Stuttgart, Erscheint in zwangloser Folge in einzeln berechneten Heften, die zu Bänden von etwa 25 Bogen vereinigt werden. Jahreshöchstpreis für 1950 DM 175.—

Archiv für Elektrotechnik. Im Einvernehmen mit der bizonalen Arbeitsgemeinschaft (Verband Deutscher Elektrotechniker Britische Zone — Arbeitsgemeinschaft der elektrotechnischen Vereine der Amerikanischen Zone) herausgegeben von Professor Dr.-Ing. *Johannes Fischer*, Karlsruhe/Baden und Professor Dr.-Ing. *Werner Nürnberg*, Berlin. Erscheint in zwangloser Folge in einzeln berechneten Heften.

Jahreshöchstpreis für 1950 DM 180.—

Zeitschrift für angewandte Physik. Herausgegeben von Professor Dr. *W. Meissner*, Professor Dr. *R. Vieweg* und Professor Dr. *G. Joos.* Erscheint in zwangloser Folge in einzeln berechneten Heften. 12 Hefte bilden einen Band.

Jahreshöchstpreis für 1950 DM 120.—

Zeitschrift für Physik. Herausgegeben unter Mitwirkung der Deutschen Physikalischen Gesellschaft in der britischen Zone von *M. von Laue* und *R. W. Pohl.* *Erscheint in Heften, die zu Bänden von etwa 40—50 Bogen vereinigt werden.*

Bandpreis ab Band 127 DM 78.—

Jahreshöchstpreis für 1950 DM 195.—

Mathematische Zeitschrift. Unter ständiger Mitwirkung von *E. Kamke*, Tübingen, *R. Nevanlinna*, Helsinki, *E. Schmidt*, Berlin, *F. K. Schmidt*, Münster. Herausgegeben von *K. Knopp*, Tübingen. Wissenschaftlicher Beirat: *W. Blaschke, L. Fejér, G. Herglotz, A. E. Ingham, H. Kneser, O. Perron, W. Süß, H. Weyl.* Erscheint in Heften, die zu Bänden von etwa 50 Bogen vereinigt werden.

Bandpreis ab Band 53 DM 96.—

Jahreshöchstpreis für 1950 DM 192.—

Mathematische Annalen. Begründet 1868 durch *Alfred Clebsch* und *Carl Neumann.* Fortgeführt durch *Felix Klein, David Hilbert, Otto Blumenthal, Erich Hecke.* Gegenwärtig herausgegeben von *Heinrich Behnke*, Münster (Westf.), *Richard Courant*, New York, *Heinz Hopf*, Zollikon b. Zürich, *Kurt Reidemeister*, Marburg (Lahn), *Franz Rellich*, Göttingen, *Bartel L. van der Waerden*, Amsterdam. Erscheint in Heften, die zu Bänden von etwa 50 Bogen vereinigt werden.

Bandpreis ab Band 122 DM 96.—

Jahreshöchstpreis für 1950 DM 192.—

Zentralblatt für Mathematik und ihre Grenzgebiete. Herausgegeben von *K. Bechert*, Mainz, *W. Blaschke*, Hamburg, *E. Bompiani*, Rom, *H. Hasse*, Berlin, *F. Hund*, Jena, *H. Kienle*, Potsdam, *K. Knopp*, Tübingen, *R. Nevanlinna*, Helsinki, *J. Radon*, Wien, *W. Saxer*, Zürich, *E. Schmidt*, Berlin, *F. Severi*, Rom, *B. v. SZ. Nagy*, Szeged, *E. Ullrich*, Gießen, *E. M. Wright*, Aberdeen. Begründet von *O. Neugebauer.* Fortgeführt von *E. Ullrich* und *H. Geppert.* Gegenwärtig geleitet von *H. L. Schmid*, Deutsche Akademie der Wissenschaften zu Berlin. — Forschungsinstitut für Mathematik, Berlin W 8, Jägerstr. 22/23. Erscheint in Heften, die zu Bänden von etwa 30 Bogen vereinigt werden.

Preis des Bandes DM 68.—

Jahreshöchstpreis für 1950 DM 136.—

Die Naturwissenschaften. Organ der Max Planck-Gesellschaft zur Förderung der Wissenschaften. Begründet von *A. Berliner* und *C. Thesing.* Unter Mitwirkung von *J. Bartels, E. Bederke, H. Brockmann, P. ten Bruggencate, C. W. Correns, H. v. Ficker, R. Grammel, O. Hahn, R. Harder, K. Henke, M. Hartmann, W. Heisenberg, A. Kühn, M. v. Laue, H. Martius, R. W. Pohl, H. Rein.* Herausgegeben von *Arnold Eucken.* Erscheint zweimal monatlich.

Vierteljährlich DM 12.—

Fresenius' Zeitschrift für analytische Chemie. Begründet von *Remigius Fresenius*. Herausgegeben von *W. Fresenius* und *A. Kurtenacker*. Erscheint in Heften, die zu Bänden von etwa 30—40 Bogen vereinigt werden.   Bandpreis ab Band 130 DM 68.—

Jahreshöchstpreis für 1950 DM 136.—

Steuer und Wirtschaft. Herausgeber: Professor Dr. *Carl Boettcher*, Rechtsanwalt in München, unter Mitwirkung von Dr. *O. Bühler*, o. Professor an der Universität Köln, Dr. Dr. *R. Grabower*, Oberfinanzpräsident, Nürnberg, Honorarprofessor an der Universität Erlangen, *A. Prugger*, Oberfinanzpräsident, München. Erscheint monatlich.

Vierteljährlich DM 16.—

Namenverzeichnis

(Die in Klammern gesetzten Ziffern sind Band- bzw. Heftziffern.)

Stichwortverzeichnis

Die hinter dem Verfassernamen bzw. der Sammelwerksbezeichnung, unter der das Werk eingeordnet ist, stehenden Zahlen geben die Seitenzahl des Kataloges an, auf der das betreffende Werk zu finden ist. (Die schrägen Zahlen sind Band- bzw. Heftangaben.)

Praktisches Handbuch der gesamten Schweißtechnik.
Von Prof. Dr.-Ing. Paul Schimpke, Chemnitz, und Ober-Ing. Hans A.
Horn, Berlin-Charlottenburg.

Erster Band: Gasschweiß- und Schneidtechnik. Vierte, umgearbeitete Auflage. Mit 412 Abbildungen. VIII, 400 Seiten. 1948.

DMark 19.50

Zweiter Band: Elektrische Schweißtechnik. Fünfte, neubearbeitete und vermehrte Auflage. Mit 520 Textabbildungen. X, 444. Seiten.
1950. Ganzleinen DMark 28.50

Werkstückspanner. (Vorrichtungen.) Von Karl Schreyer, Oberingenieur in Berlin. Mit 1100 Bildern und 22 Tafeln im Text. VIII,
382 Seiten. 1949. Ganzleinen DMark 36.—

Praktische Stanzerei. Ein Buch für Betrieb und Büro mit Aufgaben
und Lösungen. Von Eugen Kaczmarek, Dozent an der Ingenieurschule
Gauß, Berlin. Dritte, erweiterte und verbesserte Auflage.

Erster Band: Schneiden und Stanzen mit den dazugehörenden
Werkzeugen und Maschinen. Mit 209 Textabbildungen. VIII, 176 Seiten.
1949. DMark 13.50

Zweiter Band: Ziehen, Hohlstanzen, Pressen, Automatische Zuführ-
Vorrichtungen. Mit 175 Textabbildungen. VII, 165 Seiten. 1949.

DMark 13.50

Schnitt-, Stanz- und Ziehwerkzeuge. Unter besonderer Berücksichtigung der Werkzeugstähle und Normung mit zahlreichen Kon-
struktions- und Berechnungsbeispielen. Von Dozent Dr.-Ing. habil. Ger-
hard Oehler und Oberingenieur Fritz Kaiser. Mit 226 Abbildungen. VII,
272 Seiten. 1949. Ganzleinen DMark 18.—

Klingelnberg Technisches Hilfsbuch. Herausgegeben von Bau-
rat Dipl.-Ing. Ernst Preger †, Frankfurt a. M., und Dipl.-Ing. Rudolf
Reindl, Jena. Zwölfte, überarbeitete Auflage von Schuchardt & Schüttes
„Technisches Hilfsbuch". Mit zahlreichen Abbildungen und Zahlentafeln.
VIII, 762 Seiten. 1944. DMark 15.—; Halbleinen DMark 18.—

SPRINGER-VERLAG/BERLIN·GÖTTINGEN·HEIDELBERG

Dampfkraft. Berechnung und Verhalten von Wasserrohr-kesseln. Erzeugung von Kraft und Wärme. Ein Handbuch für den praktischen Gebrauch. Von **Friedrich Münzinger.** Dritte, umgearbeitete und stark erweiterte Auflage. Mit 859 Abbildungen, 62 Rechenbeispielen und 76 Zahlentafeln im Text, sowie 19 Kurventafeln in der Deckeltasche. XII, 546 Seiten. 1949. DMark 82.50; Halbleinen DMark 87.50

Die Gesamtplanung von Dampfkraftwerken. Von Dr. techn. **Ludwig Musil,** Dozent an der Technischen Hochschule, Direktor der Steirischen Wasserkraft- und Elektrizitäts-Aktiengesellschaft Graz. Zweite, neubearbeitete Auflage. Mit 281 Abbildungen. XII, 451 Seiten. 1948.
DMark 42.–

Bau und Betrieb von Dieselmaschinen. Ein Lehrbuch für Studierende. Von Dr.-Ing. **Friedrich Sass,** o. Professor an der Technischen Universität Berlin-Charlottenburg. Zweite Auflage von „Kompressorlose Dieselmaschinen". Erster Band: **Grundlagen und Maschinenelemente.** Mit 376 Abbildungen. VII, 382 Seiten. 1948.
DMark 51.60; Halbleinen DMark 54.–

Elektrische Maschinen. Von **Rudolf Richter.** Fünfter Band: **Stromwendermaschinen für ein- und mehrphasigen Wechselstrom. Regelsätze.** Mit 421 Abbildungen im Text. XIV, 642 Seiten. 1950.
Ganzleinen DMark 49.50

Kurzes Lehrbuch der elektrischen Maschinen. Wirkungsweise · Berechnung · Messung. Von **Rudolf Richter.** Mit 406 Abbildungen im Text. XII, 386 Seiten. 1949. Ganzleinen DMark 25.50

Destillier- und Rektifiziertechnik. Von Dr.-Ing. **Emil Kirschbaum,** Professor an der Technischen Hochschule in Karlsruhe. Zweite Auflage. Mit 294 Abbildungen im Text und 23 Kurventafeln. XVI, 465 Seiten. 1950. DMark 45.–; Ganzleinen DMark 49.50

SPRINGER-VERLAG / BERLIN · GÖTTINGEN · HEIDELBERG

Taschenbuch für Bauingenieure

Herausgegeben unter Mitarbeit namhafter Fachmänner von

Professor Dr.-Ing. Ferdinand Schleicher

Berlin

Mit 2403 Abbildungen. XXIII, 1942 Seiten

Berichtigter Neudruck. 1949. Auf Dünndruckpapier

Ganzleinen DMark 36,—

... Der vorliegende Neudruck der im Jahre 1943 sehr rasch vergriffenen Auflage will zunächst die starke Nachfrage in Deutschland befriedigen. Zweifellos enthält der reichhaltige Band gerade für den Studenten und den jungen Bauingenieur eine außerordentliche Fülle von Wissenswertem. Aber auch der erfahrene Praktiker wird dem Taschenbuch gerade aus den ihm nicht besonders nahestehenden Fachgebieten nützliche Aufschlüsse entnehmen können.... *(Schweizerische Bauzeitung.)*

... Das Taschenbuch stellt eine Gemeinschaftsarbeit dar, an der sich namhafte Fachmänner, jeder auf seinem Spezialgebiet, beteiligten. Jedes Teilgebiet wird in gedrängter Form behandelt. In glücklicher Weise ergänzen sich die einzelnen Beiträge, um ein geschlossenes, inhaltlich wertvolles Ganzes zu bilden, das einen Überblick über das ganze große Gebiet des Bauingenieurwesens bietet. Dem Studierenden wie dem praktischen Bauingenieur ist es ein Nachschlagewerk ersten Ranges geworden.... *(Brücke und Straße.)*

Taschenbuch für den Maschinenbau

Bearbeitet von namhaften Fachleuten
Herausgegeben von

Professor Heinrich Dubbel, Ingenieur, Berlin

Zehnte Auflage

Berichtigter Neudruck der neunten Auflage (1943)
Mit etwa 2900 Textfiguren. Etwa 1465 Seiten. 1949
In zwei Ganzleinenbänden auf Dünndruckpapier DMark 28.50

Das bekannte Taschenbuch für den Maschinenbau von H. Dubbel ist mit seiner 10. Auflage neu herausgekommen. Im allgemeinen handelt es sich bei dieser Neuauflage um einen berichtigten Neudruck der 9. Auflage, die 1943 erschienen ist.

Verschiedene Ausführungen und Figuren sowie zwei Abschnitte sind überarbeitet oder gemäß den Bestimmungen der Militärregierung weggefallen. Im wesentlichen aber ist Einteilung und Inhalt der einzelnen Abschnitte so geblieben, wie sie von den früheren Auflagen her bekannt sind. Auch die neue Ausgabe behandelt somit praktisch alle Gebiete, die für die Maschineningenieure der verschiedensten Fachrichtungen in Fragen kommen.

Das Taschenbuch zeigt durch die Art seiner Darstellung die Zusammenhänge innerhalb der verschiedenen Teilgebiete des Maschinenbaus und vermittelt durch Schilderung der einzelnen Bauarten einen guten Überblick über den gegenwärtigen Stand auf seinen wichtigsten Gebieten.... *(Glückauf.)*

Ein alter Bekannter stellt sich, mit einigen zeitbedingten Veränderungen versehen, erneut vor. Man wird dieses Nachschlagebuch, das seit Jahrzehnten zum festen Bestand jeder Ingenieur-Handbibliothek gehört, auch in diesem Neudruck aufrichtig begrüßen, nachdem es lange Jahre entbehrt werden mußte. *(Stahl und Eisen.)*

SPRINGER-VERLAG / BERLIN · GÖTTINGEN · HEIDELBERG